工程财务系列教材

建筑识图与制图

主　编　杜文军　汪　辉
副主编　杨伟华　李炳宏

中国建筑工业出版社

图书在版编目（CIP）数据

建筑识图与制图/杜文军，汪辉主编. —北京：中
国建筑工业出版社，2016.12
工程财务系列教材
ISBN 978-7-112-20020-7

Ⅰ. ①建… Ⅱ. ①杜… ②汪… Ⅲ. ①建筑制
图-识读-教材 Ⅳ. ①TU204

中国版本图书馆 CIP 数据核字（2016）第 254238 号

本书内容涵盖制图标准与制图技术，投影原理与投影方法，房屋建筑施工图
和结构施工图的绘制与识读等，是画法几何、工程制图、建筑识图、计算机绘图
等课程内容的有机结合。全书共十章，分别是制图基本知识，投影基本知识，点、
直线、平面的投影，基本形体的投影，组合体的投影，轴测投影，建筑形体的表
达方法，房屋建筑施工图，房屋结构施工图和计算机绘图。本书按照先基础知识，
后实例讲解的方法编排，便于读者快速掌握建筑识图技能。

本书图文并茂，深入浅出，适用性广，既可作为高等学校建筑工程类专业工
程图学相关课程的教学用书，也可作为建筑工程从业人员工作和学习的参考用书。

责任编辑：于　莉　田启铭
责任设计：李志立
责任校对：李欣慰　关　健

工程财务系列教材
建筑识图与制图
主　编　杜文军　汪　辉
副主编　杨伟华　李炳宏
*
中国建筑工业出版社出版、发行（北京海淀三里河路 9 号）
各地新华书店、建筑书店经销
霸州市顺浩图文科技发展有限公司制版
北京建筑工业印刷厂印刷
*
开本：787×1092 毫米　1/16　印张：9½　字数：225 千字
2016 年 12 月第一版　2016 年 12 月第一次印刷
定价：**30.00** 元
ISBN 978-7-112-20020-7
（29495）

前　　言

　　《建筑识图与制图》课程是建筑工程类专业的技术基础课程，是建筑工程从业人员必须具备的基本技能和专业素养。随着我国经济和城市化进程的快速发展，以及科技水平的日益提高，我国工程建设总量不断扩大，工程建设技术时有更新，同时也对工程建设从业人员提出了更高要求。为此，《建筑识图与制图》教材需要紧跟建筑业发展步伐，及时摒弃陈旧过时内容，补充、更新理论和技术知识。

　　本书融入了建设领域最新的规范和标准，理论完善，逻辑性、系统性强，既可作为高等学校建筑工程类专业工程图学相关课程的教学用书，也可作为建筑工程从业人员工作和学习的参考用书。

　　本书由杜文军、汪辉任主编，杨伟华、李炳宏任副主编，具体分工为：杜文军第1、2、3、5、8章，武竞雄第4章，杨伟华第6章，任延艳第7章，李炳宏第9章，汪辉第10章。

　　由于编者水平有限，书中疏漏与错误在所难免，敬请读者批评指正。

编　者

目　　录

第1章　制图基本知识

工程制图必须遵守制图标准的规定，按照一定的方法进行。本章主要介绍建筑工程制图标准基本规定、手工绘图的工具和方法等内容。

1.1　制图标准基本规定

工程图样是工程界的技术语言。为了使绘制的图样基本统一，便于生产、管理和技术交流，工程制图必须遵守统一规定。这个统一规定就是制图标准。现行有关房屋建筑制图的国家标准主要有《房屋建筑制图统一标准》GB/T 50001—2010、《总图制图标准》GB/T 50103—2010、《建筑制图标准》GB/T 50104—2010、《建筑结构制图标准》GB/T 50105—2010、《建筑给水排水制图标准》GB/T 50106—2010 等。其中，《房屋建筑制图统一标准》是房屋建筑制图的基本规定，以下主要介绍其中部分内容。

1.1.1　图纸

为了合理使用图纸和便于装订管理，国家标准规定了图纸的幅面大小、图框尺寸和幅面样式。图纸幅面有 5 种，代号分别为 A0、A1、A2、A3 和 A4，具体尺寸见表 1-1。尺寸代号的含义及幅面样式如图 1-1 所示。

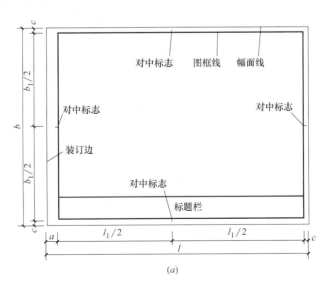

图 1-1　幅面样式（一）

（a）A0～A3 横式幅面（一）

1

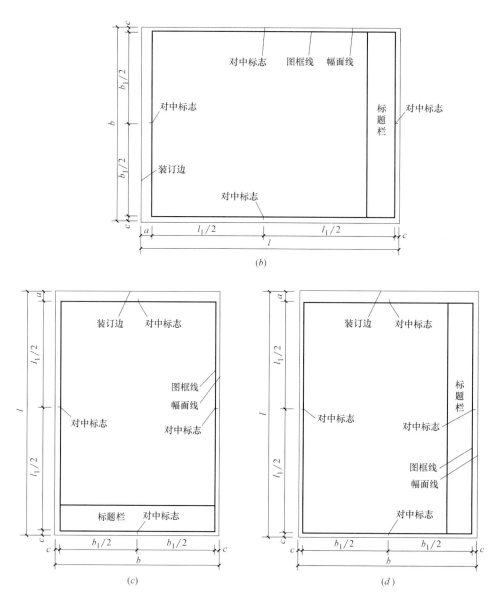

图 1-1 幅面样式（二）

（b）A0～A3 横式幅面（二）

（c）A0～A4 立式幅面（一）；（d）A0～A4 立式幅面（二）

幅面及图框尺寸（mm） 表 1-1

尺寸代号	幅 面 代 号				
	A0	A1	A2	A3	A4
$l \times b$	1189×841	841×594	594×420	420×297	297×210
c	10			5	
a	25				

　　图纸标题栏是填写设计单位名称、工程名称、修改记录、图号以及注册师、项目经理等签字的栏目，形式如图 1-2 所示。

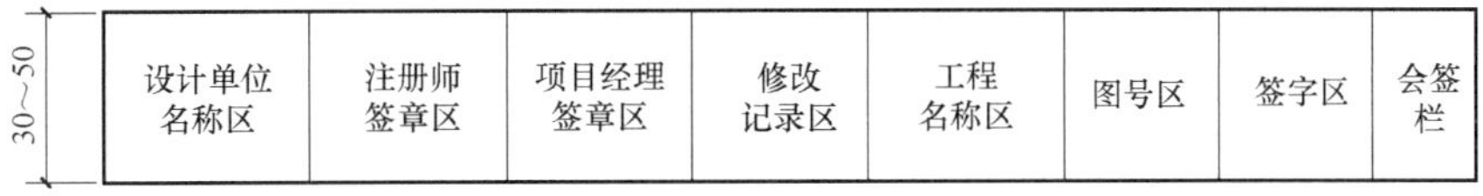

图 1-2 图纸标题栏

1.1.2 图线

工程图样常采用不同形式、不同粗细的图线表达不同的内容和主次关系。制图标准对各种线型和线宽的图线及其一般用途都作了明确规定，见表 1-2。

图线 表 1-2

名称		线型	线宽	一般用途
实线	粗	———————	B	主要可见轮廓线
	中	———————	$0.5b$	可见轮廓线
	细	———————	$0.25b$	可见轮廓线、图例线
虚线	粗	- - - - - -	B	见各有关专业制图标准
	中	- - - - - -	$0.5b$	不可见轮廓线
	细	- - - - - -	$0.25b$	不可见轮廓线、图例线
单点长画线	粗	—·—·—·	b	见各有关专业制图标准
	中	—·—·—·	$0.5b$	见各有关专业制图标准
	细	—·—·—·	$0.25b$	中心线、对称线等
双点长画线	粗	—··—··—	b	见各有关专业制图标准
	中	—··—··—	$0.5b$	见各有关专业制图标准
	细	—··—··—	$0.25b$	假想轮廓线、成型前原始轮廓线
折断线			$0.25b$	断开界线
波浪线		～～～	$0.25b$	断开界线

除了折断线和波浪线一般为细实线外，其他线型实线、虚线、单（双）点长画线都有粗、中、细三种不同的线宽。一个线宽组中粗、中、细三种线宽的比例是 $b：0.5b：0.25b$，基本线宽 b 选定以后，相应的中线、细线也确定下来。

一般在同一张图中，采用相同比例绘制的各图，应选用相同的线宽组。图样中所画图线的粗细应考虑绘图的比例大小及图样的复杂程度，选用表 1-3 中合适的线宽组。

线宽组（mm） 表 1-3

线宽比	线 宽 组					
b	2.0	1.4	1.0	0.7	0.5	0.35
$0.5b$	1.0	0.7	0.5	0.35	0.25	
$0.25b$	0.5	0.35	0.25			

各种线型的画法和连接方法如图 1-3 所示，虚线、单点长画线或双点长画线的线段长度和间隔，宜各自相等；单点长画线或双点长画线的两端不应是点，点画线与点画线或点

3

画线与其他图线交接时，应以线段交接；虚线为实线的延长线时，相接处应留有空隙，不得与实线相连，虚线与虚线交接或虚线与其他图线交接时，应以线段交接；当图形较小，画点画线有困难时，可用细实线代替。

图 1-3　各种线型的连接方法

1.1.3　字体

工程图中常用的文字有汉字、数字、字母等，文字书写必须做到字体端正、排列整齐、笔画清晰、大小适当，标点符号也应清楚正确，力戒模糊潦草，以免造成差错。

字体的大小即字号，就是字体的高度，统一规定为 3.5、5、7、10、14、20mm 系列，字体的宽度为小一号字的高度，字高和字宽的关系见表 1-4。

字体高宽关系　　　　　　　　　　　　　　　表 1-4

字高(字号)	3.5	5	7	10	14	20
字宽	2.5	3.5	5	7	10	14

汉字应采用国家公布的简化字，并写成长仿宋体，如图 1-4 所示。长仿宋体的书写要领为：横平竖直、注意起落、结构匀称。数字、字母可按需要写成直体和斜体，一般宜采用斜体且向右倾斜与水平线成 75°，当与汉字并列书写时，宜采用直体，且其字号应比汉字小一号或二号。

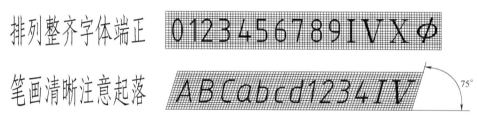

图 1-4　字体示例

1.1.4　绘图比例

图样的比例，是图形与实物相对应的线性尺寸之比。由于房屋建筑工程实体都比较大，面图纸的幅面有限，因而只有将建筑物形体按一定比例缩小才能画到图纸上。如图纸上用 1m 代表 100m，表明图形比实物缩小了 100 倍，这个比例就是 1∶100。绘图时所用比例的大小，应根据图样的用途与被绘对象的复杂程度从表 1-5 中选用，并优先选用常用比例。

绘图所用的比例　　　　　　　　　　　　　　表 1-5

常用比例	1∶1,1∶2,1∶5,1∶10,1∶20,1∶30,1∶50,1∶100,1∶200,1∶500,1∶1000,1∶2000
可用比例	1∶3,1∶4,1∶6,1∶15,1∶25,1∶40,1∶60,1∶80,1∶250,1∶300,1∶400,1∶600,1∶5000、1∶10000,1∶20000,1∶50000,1∶100000,1∶200000

一般情况下，一个图样应尽量选用一种比例。根据专业制图的需要，同一图样也可选用两种比例。图纸上图样的比例，一般注写在图名的右侧，字的底线应取平，字号比图名小一号或二号，如图 1-5 所示。

平面图 1:100 ⑤ 1:10

图 1-5　比例的注写

1.1.5　尺寸标注

用图线画出的图样只能表达物体的形状，必须标出相应的尺寸才能确定其大小。因此，尺寸是图样的重要组成部分。尺寸标注由尺寸线、尺寸界线、尺寸起止符号和尺寸数字四部分组成，如图 1-6 所示。

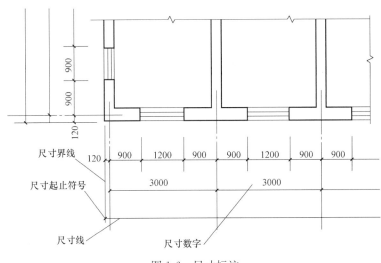

图 1-6　尺寸标注

尺寸线用细实线绘制，应与被注长度平行，且与图形轮廓线相距不小于 10mm。相互平行的尺寸线，应按先小后大的顺序从被注图形的轮廓线由近及远整齐排列，并保持间距一致。任何图线都不得用作尺寸线。

尺寸界线用于表示尺寸的范围，用细实线绘制，一般应与被注长度垂直，其一端离开图形轮廓线不小于 2mm，另一端超出尺寸线 2～3mm。必要时，图形轮廓线、中心线、轴线可以用作尺寸界线。

尺寸起止符号表示尺寸的起止位置，一般用中粗斜短线绘制，其倾斜方向应与尺寸界线成顺时针 45°角，长度宜为 2～3mm。半径、直径、角度和弧长的尺寸起止符号为箭头。

尺寸数字表示物体的实际大小，与绘图比例、图形大小无关。通常，尺寸数字必须依据读数方向注写在尺寸线的上方中部，尺寸线竖直时，尺寸数字注写在尺寸线的左侧，以方便读数为宜，尺寸数字的注写方向如图 1-7 所示。当尺寸界线的间隔较小，没有足够的注写位置时，最外边的尺寸数字可注写在尺寸界线的外侧，中间相邻的尺寸数字可在尺寸线上、下错开注写或引出注写，如图 1-8 所示。

尺寸数字还应尽可能地标注在图形轮廓线以外，不宜与图线、符号及文字相交。当不可避免时，应将注写尺寸数字处的图线断开。尺寸单位除标高和总平面图以米为单位外，其余均以毫米为单位，图样上可不必注写单位。

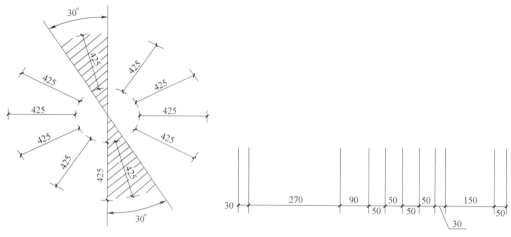

图 1-7 尺寸数字的注写方向　　　　图 1-8 尺寸界线较密时的尺寸标注方法

标注圆、圆弧的半径或直径的方法如图 1-9 所示。

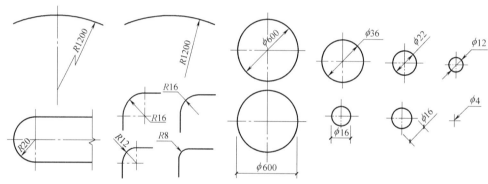

图 1-9 半径、直径的标注

角度、坡度的标注如图 1-10 所示。

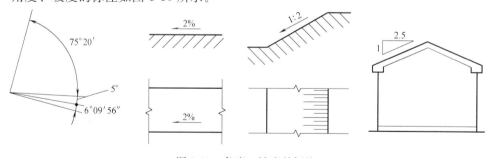

图 1-10 角度、坡度的标注

1.2 手工绘图的工具和方法

　　绘制图样按使用的工具不同，分为尺规绘图和计算机绘图。尺寸绘图是借助丁字尺、三角板、圆规、铅笔等绘图工具和仪器在图板上进行手工操作的一种绘图方法。虽然目前计算机绘图已经比较常见，但手工绘图既是工程技术人员必备的基本技能，也是学习和巩固图学理论知识的必要途径。正确使用绘图工具和仪器不仅能保证绘图质量、提高绘图速度，而且能为计算机绘图奠定基础。

1.2.1 常用的手工绘图工具

1. 图板

图板是用于铺放、固定图纸的长方形案板，如图 1-11 所示。图板表面应平整、光洁，工作边（左边）作为丁字尺的导边，应平直。

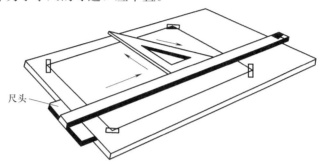

尺头

图 1-11 图板、丁字尺和三角板

2. 丁字尺

丁字尺主要用于画水平线。丁字尺由相互垂直的尺头和尺身两部分组成。作图时，左手将尺头紧贴图板的工作边上下移动，右手握笔沿尺身带有刻度的一边，由左至右可以画出不同位置的水平线。

3. 三角板

一副三角板有两块，一块是两个 45°锐角的直角三角板，另一块是两个锐角分别为 30°、60°的直角三角板。三角板与丁字尺配合，可以画竖直线和 15 倍角的斜线。两块三角板配合，可以画任意方向直线的平行线和垂直线。

4. 圆规

圆规是用于画圆和圆弧的工具。使用时，应先调整好针脚，使针尖略长于铅芯，取好半径后将针尖固定于圆心，按顺时针方向转动圆规画出圆或圆弧。画大圆弧时，可加上延伸杆，使圆规的两条腿都垂直于纸面。

5. 铅笔

绘图所用铅笔的铅芯有软硬之分，分别以字母"B"（软）和"H"（硬）表示，且字母前面的数字越大，表示铅芯越软（或越硬），画出的线条越浓（或越淡）。"HB"表示铅芯软硬适中。绘图时，一般应用较硬的铅笔打底稿，如 2H 铅笔，用 HB 铅笔注写文字和尺寸数字，用 2B 等较软的铅笔加深图线。

除上述工具外，绘图时还需准备削铅笔的刀片、固定图纸的胶带、橡皮擦、比例尺、曲线板和建筑模板等。

1.2.2 绘图的方法和步骤

1. 画图准备

画图前，首先应准备好绘图工具和用品，如削好钢笔，将图板、丁字尺、三角板等擦拭干净。然后，根据所画图样的复杂程度，确定绘图比例及图纸大小。在将选好的图纸用胶带按图所示的方法固定在图板的适当位置后，就可以开始画图了。

2. 画底稿

画底稿，首先应画出图框线和标题栏，并根据所画图样的数量、大小布置好各个图形的位置，画出其基准线或中心线。然后，按照由整体到局部，先大后小，先外后内，先上后下、先左后右的顺序画出图形的所有轮廓线。画底稿的要求是"轻、细、准、洁"。"轻"是指画线时手要轻；"细"是指画出的线条要细；"准"是指图线的位置、尺寸要准；"洁"是指图面要干净整洁。

3. 加深图线

图线加深前，应先对底稿进行仔细的检查，并修正错误，补全遗漏，直至确认无误。图线加深的顺序一般是先粗后细、先曲后直，自上而下、从左至右进行，并应做到线型正确、粗细分明、连接光滑、图面整洁，同类图线的粗细、深浅一致。

4. 标注尺寸和注写文字

图形画完后，还应按照制图标准的规定，标注尺寸，注写图名，书写文字说明，填写标题栏，完成图样。

此外，徒手绘图也是工程技术人员必备的一项基本技能。徒手绘图是不用绘图仪器，通过目测比例、徒手画出的图样，这种图样也称为草图，主要用于现场测绘、构思创作、方案讨论、技术交流。徒手绘图的基本要求是快、准、好，即画图速度快、目测比例准、图线清晰、图面质量好。

复习思考题

1. 制图标准规定的图纸幅面一般有哪几种？
2. 图纸的标题栏有什么作用？
3. 制图标准规定的图线线型有哪些？它们各有什么用途？
4. 什么是图样的比例？绘图常用的比例一般有哪些？
5. 为什么说尺寸是图样的重要组成部分？尺寸标注包括哪些内容？

第2章 投影基本知识

工程制图是一种投影作图，它是根据投影原理并采用一定的投影方法，在平面图纸上表达空间物体的几何形状和大小。学习制图与识图，首先必须掌握投影的基本知识。

2.1 投影的形成与分类

2.1.1 投影的形成

在日常生活中，经常可以看到物体形成的"影子"这一自然现象。如图 2-1 所示的桌子在灯光或日光的照射下，在地面上产生了影子，这种现象就是投影。并且，当光线照射物体的角度或距离发生改变时，产生影子的位置、形状和大小也会随之改变。

物体被光线照射时在墙面或地面上产生的影子，实际上是因为物体遮挡光线而在某一平面上形成的阴影，它只能反映物体某个方向的外形轮廓，而不能

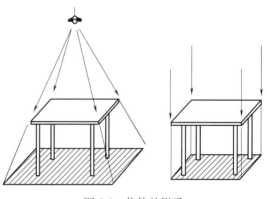

图 2-1 物体的影子

表现其真实面貌，如图 2-2（a）所示。如果我们假设从光源发出的光线能够穿透物体，把物体的各个顶点和各条棱线都投射到地面或墙面上，这样得到的影子就能反映物体的真

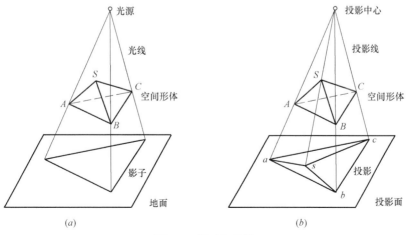

（a）   （b）

图 2-2 影子与投影

实形状，这种"影子"称为投影，如图 2-2（b）所示。

把光源称为投影中心，由光源发出的光线称为投影线，并假设投影线能穿透物体，这种物体称为形体，产生影子的平面称为投影面，形体、投影线和投影面是形成投影的三要素。这种用平面投影表示空间物体形状和大小的方法，称为投影法。一般工程图就是按照投影法绘制的投影图。

2.1.2 投影的分类

物体的投影，会随着投影线方向的改变而变化。由此，投影可分为中心投影和平行投影两大类。

1. 中心投影

当投影中心在有限距离内，投影线由一点呈放射状发射出来，所产生的投影称为中心投影，如图 2-3（a）所示。

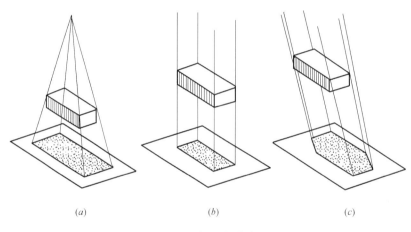

(a)　　　　　　(b)　　　　　　(c)

图 2-3　投影的分类

按中心投影法绘制的物体投影图，称为透视投影图，如图 2-4（a）所示。透视图立体感强，形象逼真，但不能反映物体的真实形状和大小，工程上一般只作为辅助图样，用来表达设计意图，研究设计方案。

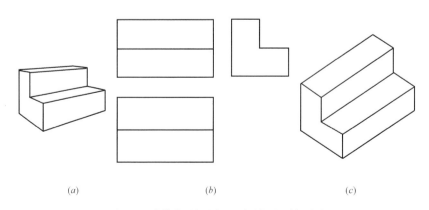

(a)　　　　　　(b)　　　　　　(c)

图 2-4　形体的透视图、正投影图和轴测图

2. 平行投影

当投影中心距离物体无限远时，投影线可以成为相互平行的射线，这时所产生的投影称为平行投影。平行投影根据投影线与投影面的位置关系不同，又分为两种类型：

（1）正投影：平行投影线与投影面垂直时所产生的投影，如图 2-3（b）所示。

用正投影法绘制的物体投影图，称为正投影图，如图 2-4（b）所示。正投影图能准确反映空间物体的形状和大小，且作图简便，是工程制图采用的主要图示方法。

（2）斜投影：平行投影线与投影面倾斜时所产生的投影，如图 2-3（c）所示。

用平行投影法（正投影法或斜投影法）还可绘制物体的轴测投影图，如图 2-4（c）所示。轴测图也有立体感，但不能完全反映物体的真实形状和大小，不能满足施工生产的要求，只能作为辅助图样。

2.2 正投影的特性

2.2.1 显实性

当空间直线或平面与投影面平行时，其投影反映原直线实长或原平面实形，如图 2-5（a）所示。这种投影特性称为显实性。

2.2.2 积聚性

当空间直线或平面与投影面垂直时，其投影积聚为一点或一条直线，如图 2-5（b）所

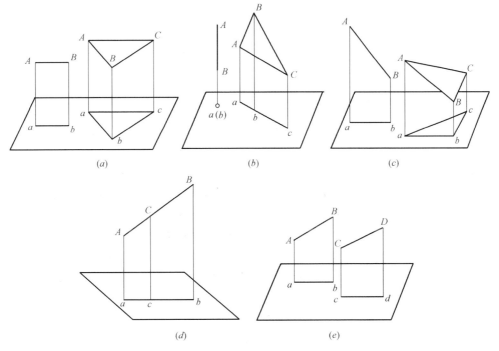

图 2-5 正投影的特性

示。这种投影特性称为积聚性。

空间直线与投影面垂直时，直线上的所有点对投影面来说都是位于同一投影线上，因而它们在该投影面上的投影重合，这些点称为该投影面的重影点。对某一投影方向而言，两点的投影产生重影必有一点被"遮挡"，也就是说，两点有可见与不可见之分。显然，距离投影面较远的点是可见的，在投影图中一般把不可见点的投影加上括号表示。

2.2.3 类似性

当空间直线或平面与投影面倾斜时，直线的投影仍然是直线，平面的投影是原平面的类似形，如图 2-5（c）所示。这种投影特性称为类似性。

2.2.4 从属性

直线上点的投影仍然在直线的投影上，如图 2-5（d）所示。这种投影特性称为从属性。

2.2.5 定比性

直线上两线段的长度之比，在投影后保持不变，如图 2-5（d）所示。这种投影特性称为定比性。

2.2.6 平行性

相互平行的两直线，其投影仍然相互平行，如图 2-5（e）所示。这种投影特性称为平行性。

2.3 三面正投影

2.3.1 三投影面体系的形成

工程制图首要解决的问题，是如何将立体实物的空间形状和大小准确地表现在平面图纸上。如图 2-6 所示的两个形体，虽然它们的空间形状不相同，但在某一投影方向却有着相同的正投影，这说明形体的正投影图虽然能够准确表现形体的形状和大小，但仅靠一个投影图是不能唯一确定空间物体的形状的。要采用多面正投影才能完整表达形体的全部形状。

那么，一个形体需要用几个正投影才能将其空间形状表达清楚呢？这取决于形体本身的形状。一般来说，任何一个空间形体都具有长、宽、高三个方向的尺寸和上下、左右、前后三个方面的形状。形体的一个正投影图只能够准确反映形体一个方面的形状和两个方向的尺寸。那么，为了全面反映形体三个方向的尺寸和三个方面的形状，就需要采用三面

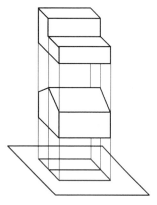

图 2-6 形体的单面投影

投影的方法。工程实践中,广泛采用的是形体的三面正投影图。

如图 2-7（a）所示,用三个相互垂直的平面作投影面,其中水平方向的投影面称为水平投影面,用字母 H 表示,简称水平面;立在正面的投影面称为正立投影面,用字母 V 表示,简称正面;立在侧面的投影面称为侧立投影面,用字母 W 表示,简称侧面。三个投影面两两相交成三条投影轴,分别为 X、Y、Z 轴。三条投影轴相交于一点 O,称为原点。将形体置于这样的三投影面体系中,分别向三个投影面作正投影,把形体在 H 面上的投影称为水平投影或 H 投影;在 V 面上的投影称为正面投影或 V 投影;在 W 面上的投影称为侧面投影或 W 投影,如图 2-7（b）所示。

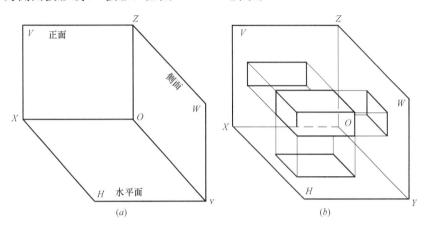

图 2-7　三投影面体系的形成与形体的三面正投影图

2.3.2　三个投影面的展开

三投影面体系为空间体系,三个投影面是相互垂直的。所以在三投影面体系中得到的形体的三个投影图不在同一平面上,为了能在一个平面上同时反映这三个投影,需要把三个投影面按照一定的规则展开成为一个平面。

三投影面体系的展开如图 2-8（a）所示。一般规定,V 面保持不动,H 面绕 OX 轴向下旋转 90°,W 面绕 OZ 轴向右旋转 90°,这样 H、W 面就都与 V 面处于同一平面上了,

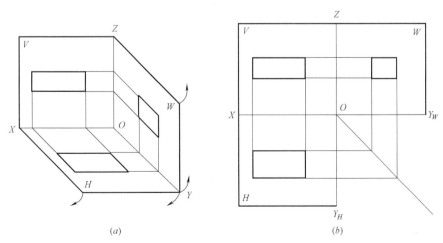

图 2-8　三个投影面的展开

如图 2-8 (*b*) 所示，如此便可得到形体同一平面上的三面正投影图，简称三面投影。这时，*OY* 轴被分为两条，一条随 H 面向下旋转到与 *OZ* 轴在同一竖直线上，标注为 *YH*；另一条随 W 面向右旋转到与 *OX* 轴在同一水平线上，标注为 *YW*，以示区别。

三投影面体系展开以后，形体三面投影的位置关系是：平面图在立面图的正下方，侧面图在立面图的正右方，按照这种固定位置画形体的三面投影时，图纸上一般可以不标注投影图、投影面及投影轴的名称。

2.3.3 三个投影图的关系

三面投影是从三个相互垂直的不同方向投影而成的，分别反映形体三个不同侧面的形状。对于同一形体而言，它们是有区别的。但三面投影又都是由一个形体投影而得，它们之间必然存在着一定的联系。

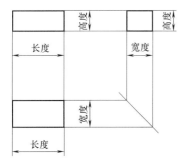

图 2-9 三面投影的关系

如图 2-9 所示。形体的长、宽、高三个向度在三面投影中均反映了两次，且每一向度分别是在两个不同的投影中得到反映的。那么，*V*、*H* 面投影同时反映形体的长度，投影图又在同一竖直线上，因而应左右对齐等长，这种关系称为"长对正"；*V*、*W* 面投影同时反映形体的高度，其投影图在同一水平线上，因而应上下平齐等高，这种关系称为"高平齐"；*H*、*W* 面投影同时反映形体的宽度。由于投影面的展开，这两个投影的"宽度"方向不同，虽然不能直接比照，但也应相等，这种关系称为"宽相等"。

形体三面投影之间具有的三个方向的相等关系"长对正、高平齐、宽相等"，称为"三等关系"。"三等关系"把三面投影中三个看似相互独立的投影图紧密地联系起来，有利于全面反映空间形体的形状和大小。形体三面投影的"三等关系"很重要，是工程制图与识图最基本的规律和最明显的特征。

2.3.4 三面投影作图

由于投影面的大小与形体投影图无关，所以在实际作图中，不必画出投影面的边框。在实际工程图中，投影轴也一般不画出，但初学练习时，应保留投影轴以便于比照。图 2-10 为三面正投影的作图。

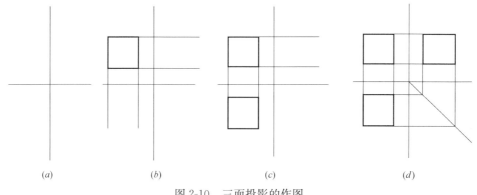

(*a*)　　　　　(*b*)　　　　　(*c*)　　　　　(*d*)

图 2-10 三面投影的作图

三面投影作图的一般步骤为：

（1）画水平和竖直十字相交线作为投影轴。

（2）根据"三等"关系，将立面图和平面图的左右轮廓线用铅垂线对正（等长），将立面图和侧面图的上下轮廓线用水平线画齐（等高）。

（3）画出平面图。

（4）平面图和侧面图具有"等宽"关系，可从平面图上用 45°斜线将各部分宽度引到侧面图中，画出侧面图。

复习思考题

1. 试述投影的形成和组成要素。

2. 投影是如何分类的？工程上常用的投影图有哪些？

3. 正投影有哪些投影特性？

4. 什么是正投影的显实性？在何种情况下，直线或平面的投影具有显实性？

5. 什么是正投影的积聚性？在何种情况下，直线或平面的投影具有积聚性？

6. 重影点是怎样形成的？

7. 正投影的从属性、定比性和平行性分别是什么？

8. 什么是三面正投影？三视图是怎样形成的？

9. 三视图的对应关系是怎样的？

第3章　点、直线、平面的投影

点、线、面是构成工程形体最基本的几何元素。研究点、线、面的投影规律,有助于分析形体的投影。

3.1　点的投影

3.1.1　点的三面投影

点的投影仍然是点,投影点是通过该点的投影线与投影面的交点,如图 3-1 所示。一般地,空间点用大写字母表示,投影点用同名小写字母表示。

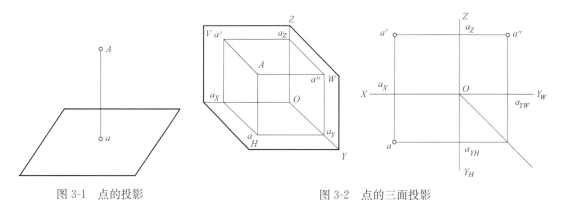

图 3-1　点的投影　　　　　　　　　　图 3-2　点的三面投影

点的三面投影是三个点,如图 3-2 所示。

从点的三面正投影图可以看出,点的三面投影的规律符合"三等"关系:

点的水平投影 a 与正面投影 a' 的连线垂直于 X 轴,即 $aa' \perp OX$,此相当于"长对正";

点的正面投影 a' 与侧面投影 a'' 的连线垂直于 Z 轴,即 $a'a'' \perp OZ$,此相当于"高平齐";

点的水平投影 a 到 X 轴的距离等于侧面投影 a'' 到 Z 轴的距离,即 $aa_X = a''a_Z$,此相当于"宽相等"。

从点的投影规律可知,已知点的两个投影,便可求出该点的第三投影。

【例 3.1】如图 3-3(a),已知点 A、B、C 的两面投影,求作其第三投影。

作图步骤如下,如图 3-3(b) 所示。

(1) 过 a' 作 X 轴的垂线 $a'a_x$。

(2) 过 a'' 作 Y_W 轴的垂线与 $45°$ 辅助线相交,过交点作 Y_H 轴的垂线与 $a'a_x$ 的延长线相交,交点即为 a。

(3) b' 在 X 轴上,因此,过 b 作 Y_H 轴的垂线与 $45°$ 辅助线相交,过交点作 Y_W 轴的

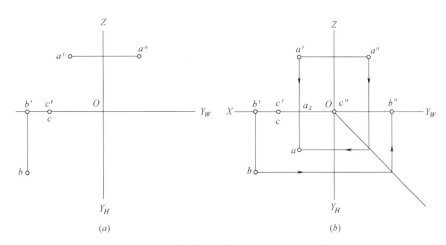

图 3-3　已知点的两面投影，求作第三投影

垂线并与其相交，交点即为 b。

（4）c、c' 均在 X 轴上，所以可直接求得 c'' 位于投影原点。

3.1.2　点的坐标与投影的关系

在三投影面体系中，若把投影轴看作坐标轴，则投影面即为坐标面，投影轴的交点即为坐标原点，三投影面体系即为空间直角坐标系。这样，空间点及其投影的位置就可以用坐标来确定。

如图 3-4 所示，空间点用坐标（x、y、z）表示，其三个坐标就是空间点到三个投影面的距离。具体来说，空间点到 W 面的距离为该点的 x 坐标；到 V 面的距离为该点的 y 坐标；到 H 面的距离为该点的 z 坐标。则该点三个投影的坐标分别为 H 面投影 a（x，y）、V 面投影 a'（x，z）、W 面投影 a''（y，z）。于是，利用点的坐标能比较容易地求作点的投影。

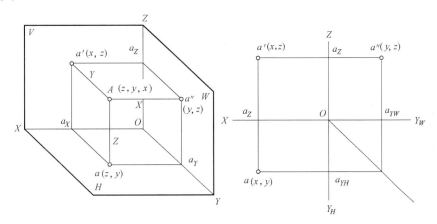

图 3-4　点的坐标与投影的关系

3.1.3　两点的相对位置

空间两点的相对位置，是指两点的上下、左右、前后位置关系。这些位置关系在它们

17

的三面投影中可以反映出来，如图 3-5 所示。V 投影反映上下、左右关系，H 投影反映左右、前后关系，W 投影反映上下、前后关系。因此，根据三面投影所反映的位置关系和它们之间的相互联系，已知两点的三面投影，不难判别其空间相对位置。

【例 3.2】判别如图 3-6 所示的空间两点 A、B 的相对位置。

分析：由 V 投影可以看出，A 点在 B 点的上方、左方，由 H 投影可以看出，A 点在 B 点的前方，因此，可以判断点 A 在点 B 的左、上、前方。当然，也可以根据两点的 W 投影判断 A 点在 B 点的上方、前方。

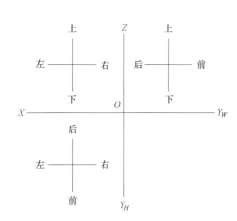

图 3-5 上下、左右、前后位置关系

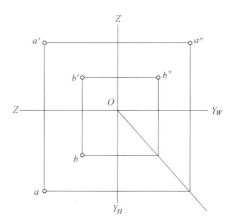

图 3-6 两点的相对位置

3.2 直线的投影

3.2.1 直线的投影作图

由于两点可以确定一条直线，因此，求作直线的三面投影，可先求出直线上任意两点（一般取两个端点）的三面投影，然后，在各投影面上用直线连接该两点的同名投影，即得直线的三面投影，如图 3-7 所示。

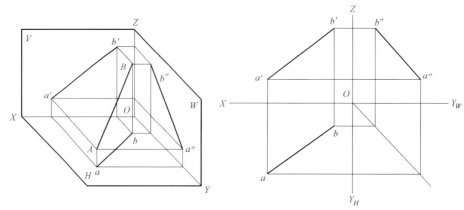

图 3-7 直线的投影作图

若已知直线的两面投影，则其第三投影可通过求作点的第三投影求出。

3.2.2　各种位置直线的投影特性

空间直线与投影面的相对位置有三种不同情况，不同位置的直线具有不同的投影特性。

1. 一般位置直线

与三个投影面都倾斜的直线，称为一般位置直线。

直线与投影面之间的夹角，称为直线对投影面的倾角。一般地，直线对 H、V、W 面的倾角分别用 α、β、γ 表示。

一般位置直线的投影如图 3-7 所示，其特点可归结为三个投影都没有积聚性，也不反映直线实长，且与各个投影轴的夹角不反映直线对相应投影面的倾角。

2. 投影面平行线

平行于一个投影面，但倾斜于另外两个投影面的直线，称为投影面平行线。投影面平行面根据其所平行的投影面不同，分为三种：

（1）水平线：平行于 H 面，倾斜于 V、W 面的直线。

（2）正平线：平行于 V 面，倾斜于 H、W 面的直线。

（3）侧平线：平行于 W 面，倾斜于 H、V 面的直线。

表 3-1 列出了三种投影面平行线的直观图、投影图及投影特性。

投影面平行线

表 3-1

名称	立体图	投影图	投影特性
水平线	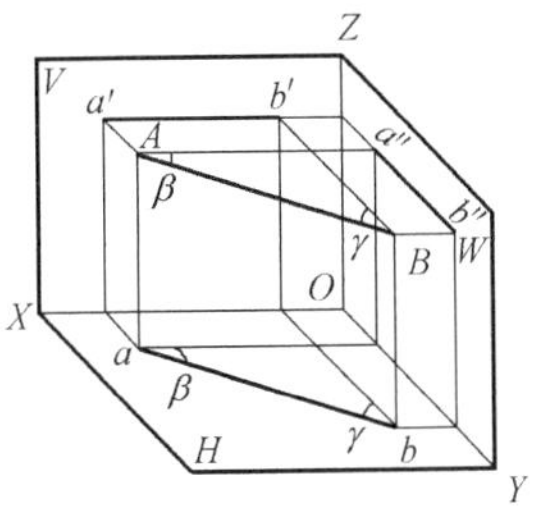	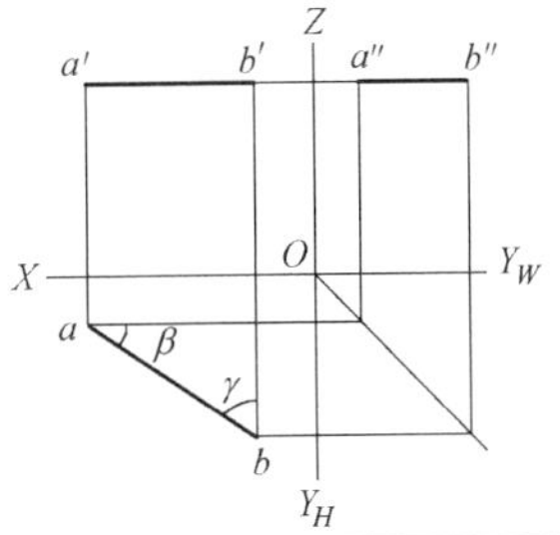	(1)水平投影 ab 反映实长，并反映倾角 β 和 γ (2)正面投影 $a'b'$ // OX 轴，侧面投影 $a''b''$ // OY_W 轴
正平线	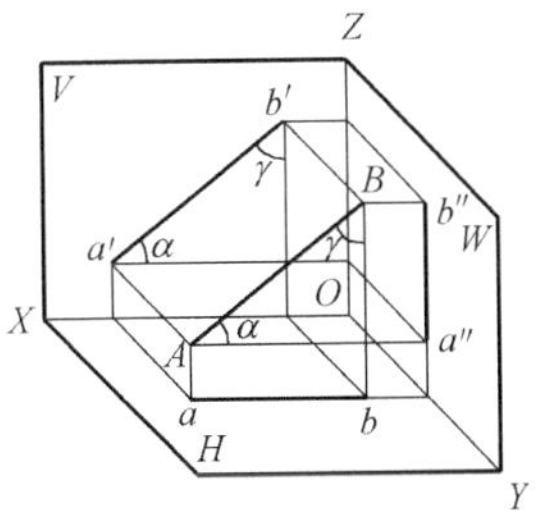	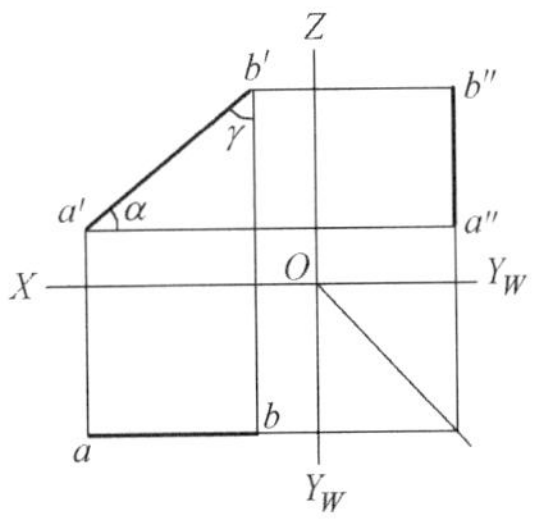	(1)正面投影 $a'b'$ 反映实长，并反映倾角 α 和 γ (2)水平投影 ab // OX 轴，侧面投影 $a''b''$ // OZ 轴
侧平线	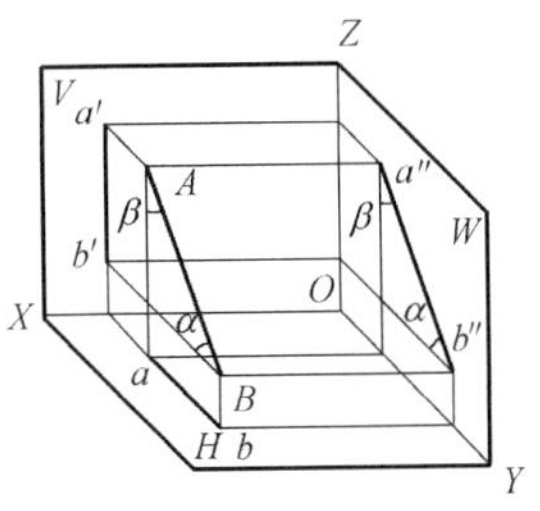	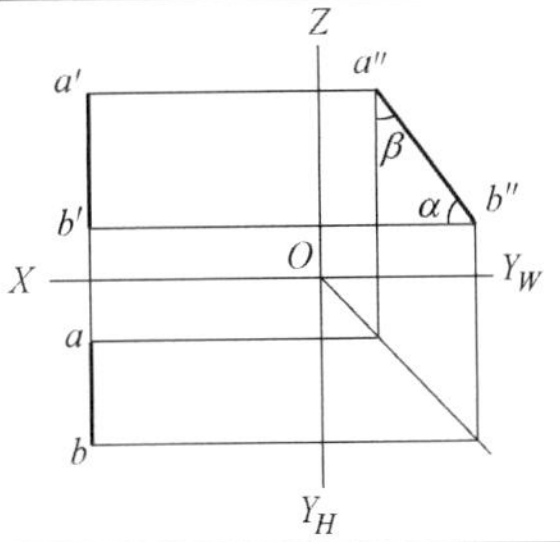	(1)侧面投影 $a''b''$ 反映实长，并反映倾角 α 和 β (2)正面投影 $a'b'$ // OZ 轴，水平投影 ab // OY_H 轴

三种投影面平行线的投影特点可归纳为以下两点：

一是在与其平行的投影面上的投影反映直线实长，且与投影轴的夹角反映空间直线对相应投影面的倾角；

二是在与其倾斜的两个投影面上的投影均不反映直线实长，且分别平行于相应的投影轴，而共同垂直于另一投影轴。

3. 投影面垂直线

垂直于一个投影面的直线（该直线必定平行于另外两个投影面），称为投影面垂直线。投影面垂直线根据其所垂直的投影面不同，分为三种：

（1）铅垂线：垂直于 H 面，平行于 V、W 面的直线。

（2）正垂线：垂直于 V 面，平行于 H、W 面的直线。

（3）侧垂线：垂直于 W 面，平行于 H、V 面的直线。

表 3-2 列出了三种投影面垂直线的直观图、投影图及投影特性。

投影面垂直线 表 3-2

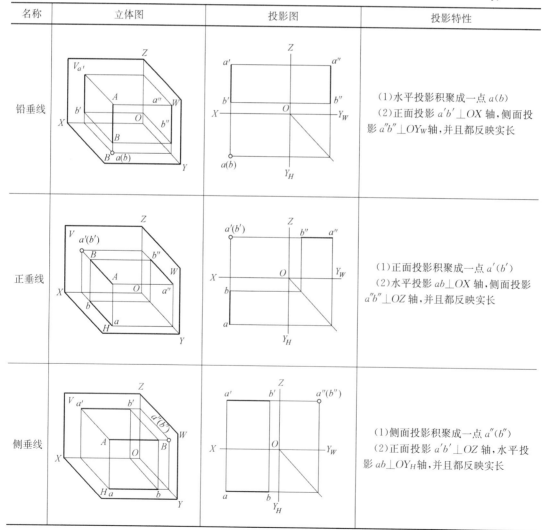

名称	立体图	投影图	投影特性
铅垂线			（1）水平投影积聚成一点 $a(b)$ （2）正面投影 $a'b'\perp OX$ 轴,侧面投影 $a''b''\perp OY_W$ 轴,并且都反映实长
正垂线			（1）正面投影积聚成一点 $a'(b')$ （2）水平投影 $ab\perp OX$ 轴,侧面投影 $a''b''\perp OZ$ 轴,并且都反映实长
侧垂线			（1）侧面投影积聚成一点 $a''(b'')$ （2）正面投影 $a'b'\perp OZ$ 轴,水平投影 $ab\perp OY_H$ 轴,并且都反映实长

三种投影面垂直线的投影特点可归纳为以下两点：

一是在与其垂直的投影面上的投影积聚为一个点；

二是在与其平行的两个投影面上的投影均反映直线实长，且分别垂直于相应的投影轴，而共同平行于另一投影轴。

3.2.3 直线上点的投影

点和直线在空间的相对位置不外乎点在直线上和点不在直线上两种。直线上点的投影和直线的投影具有从属性、定比性的关系，这些性质在前面正投影的特性中已作过介绍。

从属性即点在直线上，则点的投影必在直线的同名投影上。定比性即点分线段成某一比例，则该点的投影也分线段的同名投影成相同的比例。

【例 3.3】如图 3-8（a），已知直线 AB 的 H、V 投影 ab、$a'b'$，及 AB 上一点 C 的 V 投影 c'，试求点 C 的 H 面投影。

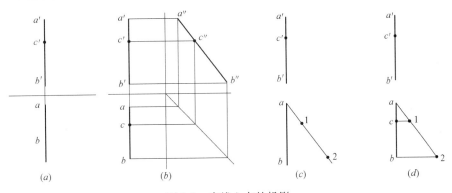

图 3-8　直线上点的投影

分析：由于直线 AB 为侧平线，其 H、V 投影 ab、$a'b'$ 在同一竖直线上。所以从 $a'b'$ 上点 C 的已知投影 c'，向 X 轴所引的垂线与 ab 重合，因而无法确定 c。因此，应先作出 AB 的 W 投影 $a''b''$，然后由 c' 作水平线与 $a''b''$ 相交，交点为 c''，再由 c' 和 c'' 求出 c，如图 3-8（b）所示。

本题也可利用定比性来求，如图 3-8（c）、（d）所示。在 H 投影中过 a 点（或 b 点）作任意一条斜线，分别量取 $a'c'$、$c'b'$ 的长截取在斜线上记为点 1、2，使 $a1=a'c'$，$12=c'b'$；连接 $b2$，再过点 1 作 $b2$ 的平行线与 ab 相交，其交点即为所求点 C 的 H 投影 c。

3.2.4 两直线的相对位置

空间两直线的相对位置可能有三种，即平行、相交和交叉。如图 3-9 所示，AE 与 BF 平行，AE 与 AB 相交，AE 与 BC 交叉。平行、相交的两直线均同在一个平面上，称为共面线；交叉两直线不在一个平面上，称为异面线。

下面分别讨论不同相对位置的空间两直线的投影特性。

1. 平行两直线

根据平行投影的特性可知，空间两直线若相互平行，则它们的各同名投影也相互平行，如图 3-10（a）所示。反

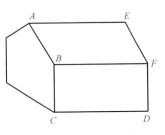

图 3-9　两直线的相对位置

之，若两直线的各同名投影都相互平行，则此两直线在空间一定相互平行。

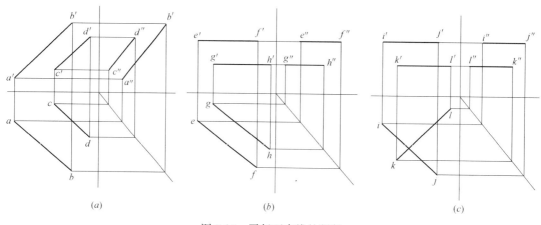

图 3-10　平行两直线的判断

一般情况下，只根据空间两直线的两面投影就能确定它们是否相互平行。但当空间两直线为投影面平行线时，则必须作出它们所平行的投影面上的投影，才能确定其是否相互平行。图 3-10（b）所示的两直线，为平行直线，而图 3-10（c）所示的两直线，则不平行。

2. 相交两直线

根据平行投影的特性可知，空间两直线相交，则它们的各同名投影也相交，且交点符合空间点的投影规律，如图 3-11（a）所示，否则就不是相交两直线，如图 3-11（b）所示。反之，若两直线的各同名投影都相交，且交点符合空间点的投影规律，则此两直线在空间必定相交。

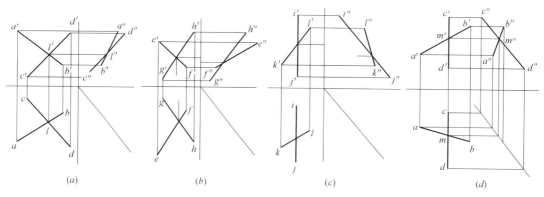

图 3-11　相交两直线的判断

一般情况下，只根据空间两直线的两面投影就能确定它们是否相交。但当空间两直线之一是投影面平行线时，则必须作出它们的第三投影，才能确定其是否相交。图 3-11（c）所示不是相交两直线，而图 3-11（d）所示则是相交两直线。

3. 交叉两直线

空间两直线既不相互平行也不相交，称为交叉。交叉两直线的同名投影可能相互平行，但不会三对同名投影都相互平行，如图 3-10（c）所示；交叉两直线的同名投影可能相交，但其同名投影的交点不符合空间点的投影规律，如图 3-11（b）、（c）所示。这里的交点实际上是两直线上不同点的重合投影。

3.3 平面的投影

3.3.1 平面的表示方法及投影作图

平面的表示方法有不在同一直线上的三点；一直线和线外一点；相交两直线；平行两直线和平面图形等。在投影图中，常采用平面图形来表示平面，这种平面表示方法不仅表示图形本身所代表的一个一定范围内的平面，也可以表示包括该图形在内的一个无限广阔的平面。

由平面的表示方法可知，平面是由点、直线确定的，所以求作平面的投影，实质上就是求作点和直线的投影。平面的投影常用表示该平面的图形轮廓线的投影所围成的图形来表示。如图 3-12 所示，是用三角形表示的平面，为了求作该平面的投影，首先求出它三个顶点的三面投影，然后分别将各顶点的同名投影连接起来即为所求。

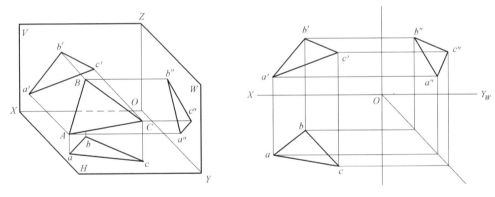

图 3-12　平面的投影

同理，根据平面的两面投影可求出其第三投影。

3.3.2 各种位置平面的投影特性

空间平面与投影面的相对位置有三种不同情况，不同位置的平面具有不同的投影特性。

1. 一般位置平面

与三个投影面都倾斜的平面，称为一般位置平面。

一般位置平面的投影如图 3-12 所示，特点可归结为三个投影都没有积聚性，也不反映平面实形，但为类似形。

2. 投影面垂直面

垂直于一个投影面，但倾斜于另外两个投影面的平面，称为投影面垂直面。投影面垂直面根据其所垂直的投影面不同，分为三种：

（1）铅垂面：垂直于 H 面，倾斜于 V、W 面的平面。

（2）正垂面：垂直于 V 面，倾斜于 H、W 面的平面。

（3）侧垂面：垂直于 W 面，倾斜于 H、V 面的平面。

表 3-3 列出了三种投影面垂直面的直观图、投影图及投影特性。

投影面垂直面 表 3-3

名称	立体图	投影图	投影特性
铅垂面	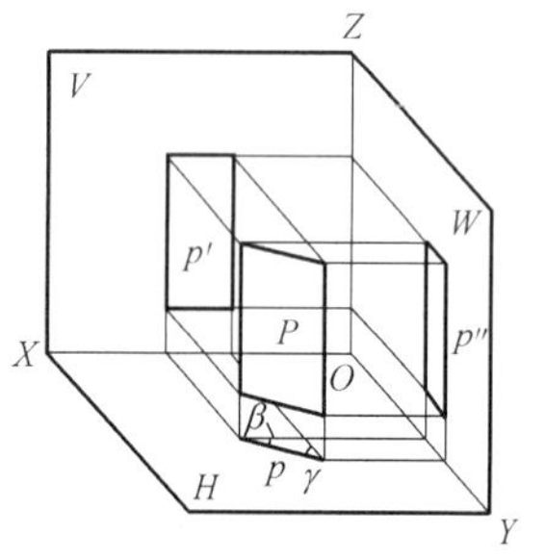	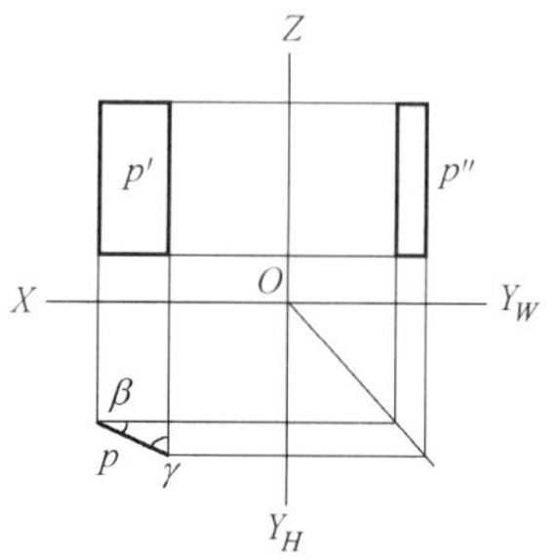	（1）水平投影 p 积聚成直线，并反映倾角 β 和 γ （2）正面投影 p' 和侧面投影 p'' 不反映实形
正垂面	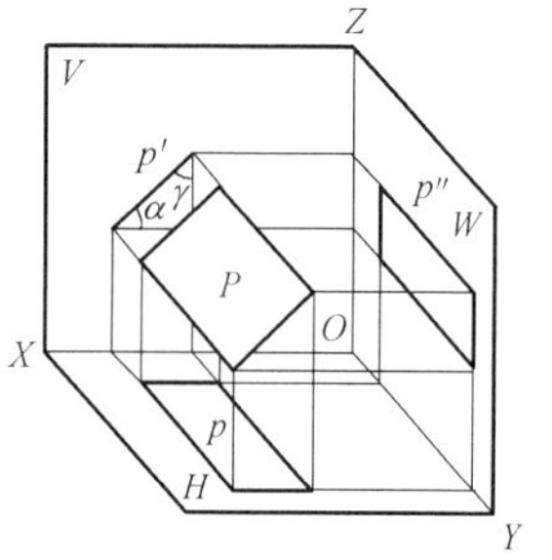	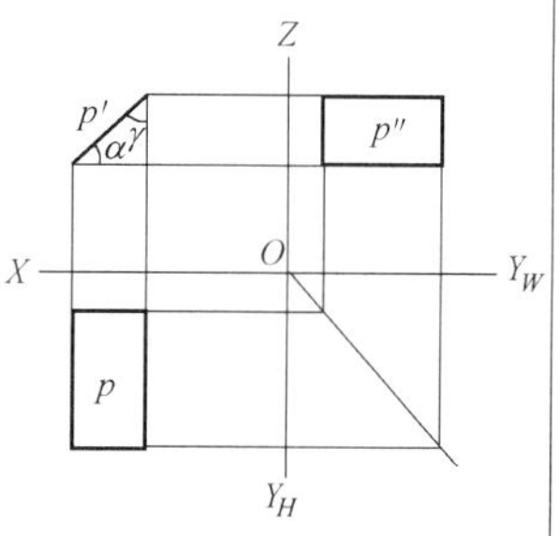	（1）正面投影 p' 积聚成直线，并反映倾角 α 和 γ （2）水平投影 p 和侧面投影 p'' 不反映实形
侧垂面	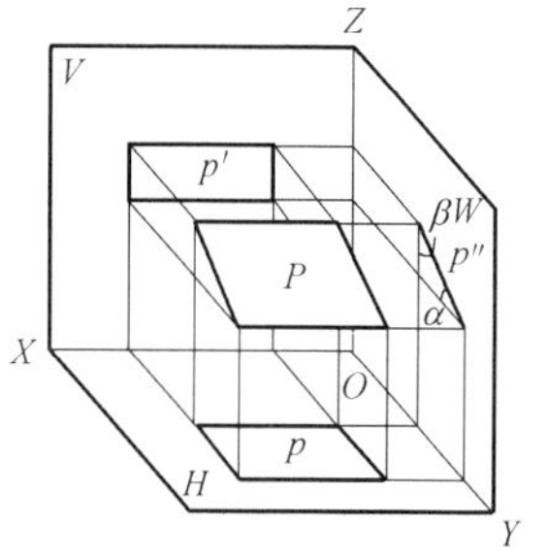	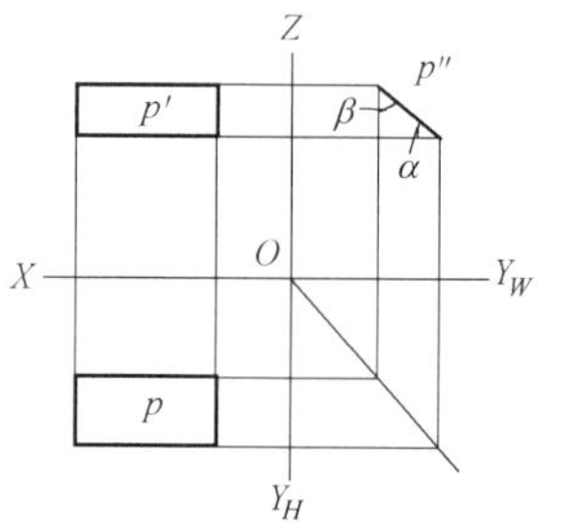	（1）侧面投影 p'' 积聚成直线，并反映倾角 α 和 β （2）正面投影 p' 和水平投影 p 不反映实形

三种投影面垂直面的投影特点可归纳为以下两点：

一是在与其垂直的投影面上的投影积聚为一条直线，且与投影轴之间的夹角分别反映空间平面对相应投影面的倾角；

二是在与其倾斜的两个投影面上的投影均不反映平面实形，为类似形。

3. 投影面平行面

平行于一个投影面的平面（该平面必定垂直于另外两个投影面），称为投影面平行面。投影面平行面根据其所平行的投影面不同，分为三种：

（1）水平面：平行于 H 面，垂直于 V、W 面的平面。

（2）正平面：平行于 V 面，垂直于 H、W 面的平面。

（3）侧平面：平行于 W 面，垂直于 H、V 面的平面。

表 3-4 列出了三种投影面平行面的直观图、投影图及投影特性。

三种投影面平行面的投影特点可归纳为以下两点：

一是在与其平行的投影面上的投影反映平面实形；

二是在与其垂直的两个投影面上的投影均积聚为直线，且分别平行于相应的投影轴，而共同垂直于另一投影轴。

投影面平行面　　　　　　　　　　　　　　　　表 3-4

名称	立体图	投影图	投影特性
水平面			（1）水平投影 p 反映实形 （2）正面投影 p' 有积聚性，且 p' ∥ OX 轴 　　侧面投影 p'' 有积聚性，且 p'' ∥ OY_W 轴
正平面			（1）正面投影 p' 反映实形 （2）水平投影 p 有积聚性，且 p ∥ OX 轴 　　侧面投影 p'' 有积聚性，且 p'' ∥ OZ 轴
侧平面			（1）侧面投影 p'' 反映实形 （2）正面投影 p' 有积聚性，且 p' ∥ OZ 轴 　　水平投影 p 有积聚性，且 p ∥ OY_H 轴

3.3.3　平面上点和直线的投影

平面上直线或点的投影与平面的投影具有从属性关系。

点在平面上的几何条件是，若点在平面内的一条直线上，则此点在该平面上。

直线在平面上的几何条件是，若一直线通过平面上的两个点，则此直线在该平面上；

或一直线通过平面上的一点，且平行于该平面上的另一直线，则此直线在该平面上。

下面举例说明在平面上作点或直线投影的方法。

【例 3.4】 如图 3-13（a），已知平面 ABC 及其上的点 D 的 V 投影 d' 和直线 EF 的 H 投影 ef，试求点 D 的 H 投影 d 和直线 EF 的 V 投影 $e'f'$。

求作点 D 的 H 投影 d：

（1）在 V 投影中，连接 $a'd'$ 并延长与 $b'c'$ 相交，记为 $1'$ 点，如图 3-13（b）所示。

（2）过 $1'$ 点向下引竖直方向线与 bc 相交，交点为 1 点，并连接 $a1$，如图 3-13（c）所示。

（3）再过 d' 点向下引竖直方向线与 $a1$ 相交，交点即为所求点 D 的 H 投影 d，如 3.13（d）所示。

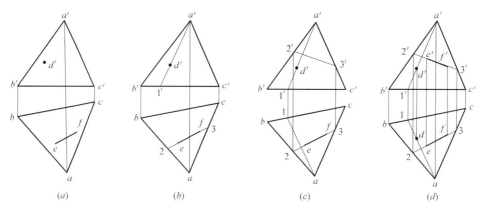

图 3-13　平面上点和直线的投影作图

求作直线 EF 的 V 投影 $e'f'$：

（1）在 H 投影中，将 ef 向两边延长分别与 ab、ac 相交，记为 2、3 点，如图 3-13（b）所示。

（2）分别过 2、3 点向上引竖直方向线与 $a'b'$ 相交，交点为 $2'$ 点；与 $a'c'$ 相交，交点为 $3'$ 点，并连接 $2'3'$，如图 3-13（c）所示。

（3）再分别过 e、f 点向上引竖直方向线与 $2'3'$ 相交于两点，即为所求直线 EF 的 V 投影 $e'f'$，如图 3-13（d）所示。

复习思考题

1. 试述点的三面投影规律及其标注方法。
2. 点的投影与点的直角坐标之间的关系如何？
3. 说明不同位置直线的投影特性。
4. 两直线的相对位置有哪些？它们的投影有什么特点？
5. 说明不同位置平面的投影特性。

第4章 基本形体的投影

基本形体根据其表面的几何性质，分为平面体和曲面体两类，如图 4-1 所示。平面体是由平面所围成的几何体，如图 4-1 (a) 所示的正方体、长方体、棱柱、棱锥、棱台等。曲面体是由曲面或曲面和平面共同围成的几何体，如图 4-1 (b) 所示的圆柱、圆锥、圆台、球体等。

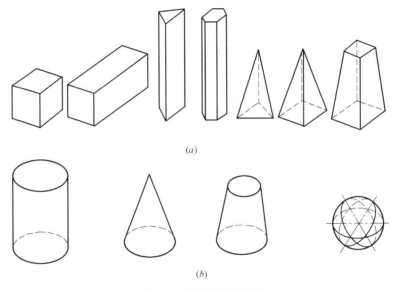

(a)

(b)

图 4-1 常见的基本形体
(a) 平面体；(b) 曲面体

4.1 平面体的投影

建筑工程中的大部分形体都属于平面体。作平面体的投影，关键在于作出平面体上点（顶点）、线（棱线）、面（棱面）的投影。

4.1.1 棱柱的投影

如图 4-2 所示，是一个竖放的三棱柱的直观图和投影图。作图之前，应先分析形体的几何特征。该三棱柱由上、下两个三角形底面和三个矩形棱面组成，上、下底面是水平面，左、右两个棱面为铅垂面，后棱面为正平面，三条棱线均为铅垂线。

在 H 投影中，上、下底面的投影为反映实形的三角形，三角形的三条边还是三个棱面的积聚投影，三角形的三个顶点是三条棱线的积聚投影；在 V 投影中，左、右并列的

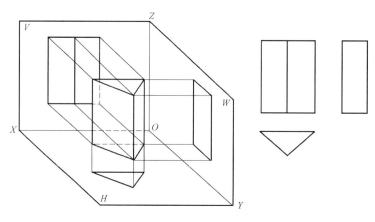

图 4-2　三棱柱的投影

两个小矩形是左、右两个棱面的类似形投影，外围大矩形是后棱面的实形投影，外围大矩形的上、下两条边还是上、下底面的积聚投影；在 W 投影中，矩形是左、右两个棱面的重合投影，且右边的棱面被左边的棱面遮挡，矩形的左边线还是后棱面的积聚投影，上、下两条边还是上、下底面的积聚投影。

4.1.2　棱锥的投影

如图 4-3 所示，是一个正三棱锥的直观图和投影图。该三棱锥由一个三角形底面和三个三角形棱面组成，底面为水平面，左、右两个棱面是一般位置平面，后棱面是侧垂面。

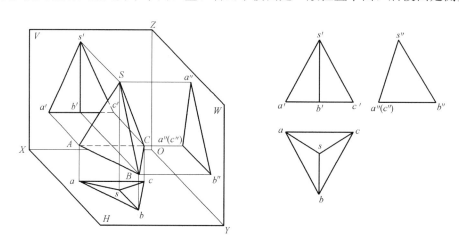

图 4-3　三棱锥的投影

在 H 投影中，底面的投影为反映实形的外围大三角形，三个棱面的投影为类似形，分别是落在外围大三角形中的三个小三角形；在 V 投影中，左、右两个并列的小三角形分别是左、右两个棱面的类似形投影，外围大三角形是后棱面的类似形投影，且后棱面被前面左右两个棱面共同遮挡，外围大三角形的底边还是底面的积聚投影；在 W 投影中，三角形是左、右两个棱面的重合投影，且右边的棱面被左边的棱面遮挡，三角形的左边线还是后棱面的积聚投影，底边还是底面的积聚投影。

4.1.3 平面体表面点的投影

由于平面体是由平面图形围成的，所以平面体表面点的投影问题，实际上就是平面上点的投影问题。因此，平面体表面点的投影，应满足平面上点的投影的从属性关系并符合空间点的投影规律。

【例4.1】如图4-4（a），已知三棱柱表面A、B两点的正面投影a′、(b′)，求作其水平投影a、b和侧面投影a″、b″。

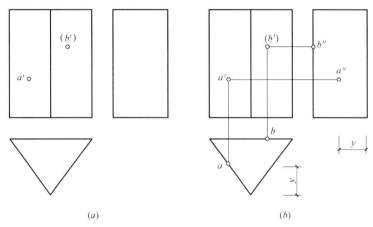

图 4-4 三棱柱表面点的投影
(a) 已知；(b) 作图

分析：根据已知条件，a′是可见的，所以点A位于前面可见的棱面上，b′不可见，所以点B位于后面不可见的棱面上。由于三棱柱三个棱面的水平投影都有积聚性，因此，由a′、b′分别向下引垂线与各自所在棱面的积聚投影相交，即可得到点的水平投影a、b。再由a、b和a′、b′，可求其侧面投影a″、b″。

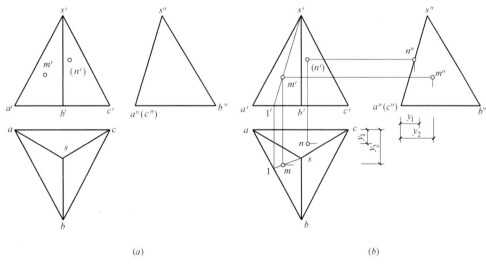

图 4-5 三棱锥表面点的投影
(a) 已知；(b) 作图

作图过程如图 4-4 (b) 所示。

【例 4.2】如图 4-5 (a)，已知三棱锥表面 M、N 两点的 V 投影 m′、(n′)，求其 H 投影 m、n 和 W 投影 m″、n″。

分析：根据已知条件，M、N 两点分别位于 SAB、SAC 两个棱面上。棱面 SAB 为一般位置平面，其各个投影均无积聚性。因此，需要在点所在的棱面上作辅助线来帮助确定点的投影。棱面 SAC 为侧垂面，可直线利用积聚性作图。

作图过程如图 4-5 (b) 所示，步骤如下：

(1) 连接 s′m′ 并延长交底面于 1′ 点，先求出 s′1′ 的 H 投影 s1。

(2) 从 m′ 向下引铅垂线与 s1 相交，交点即为 m。再由 m′ 和 m，求出 m″

(3) 从 n′ 向右引水平线，与棱面 SAC 的 W 面积聚投影相交，交点即为 n″。再由 n′ 和 n″，求出 n。

4.2 曲面体的投影

在建筑工程中，常有圆形柱子、锥形薄壳基础、球形屋顶等曲面体。因此，掌握曲面体的投影十分必要。

在曲面体中，回转曲面体在工程上的应用较广。所谓回转曲面，就是由一条母线绕一固定轴回转所形成的曲面。母线是运动的，它在曲面的任一位置处，称为素线。所以，回转曲面可看成是由无数素线组成的。

作回转曲面体的投影时，一般先用单点长画线画出其回转轴。

4.2.1 圆柱的投影

圆柱由圆柱面和上、下底面围成。圆柱面是由一条直线绕着与其平行的另一直线为轴，回转而成。上、下底面相互平行且与回转轴垂直的圆柱体为正圆柱体。

如图 4-6 所示，是一个竖放的正圆柱体及其三面投影，在 H 投影中，上、下底面的投影重合，为反映实形的圆平面，圆周线还是圆柱曲面的积聚投影；在 V 投影中，矩形

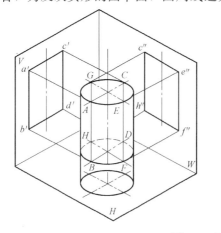
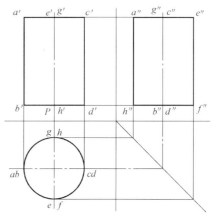

图 4-6　圆柱的投影

为前、后两个半圆柱面的重合投影，前半圆柱面可见，后半圆柱面不可见，矩形的上、下边线还是上、下底面的积聚投影；在 V 投影中，矩形为左、右两个半圆柱面的投影重合，左半圆柱面可见，右半圆柱面不可见，矩形的上、下边线还是上、下底面的积聚投影。

在上述圆柱的投影中，对 V 投影面来说，圆柱面可见与不可见的分界线为最左、最右的两条素线；对 W 投影面来说，圆柱面可见与不可见的分界线为最前、最后的两条素线，这些对某一投影方向而言，曲面上可见与不可见部分的分界线，称为轮廓素线。

轮廓素线主要用于在曲面体的投影中，表示曲面的投影范围。对一个曲面体来说，其轮廓素线不是唯一的，对于不同的投影面而言，其在曲面上的位置也不同。因此，对某一投影面投影时的轮廓素线，在向另一投影面投影时不必画出。

4.2.2 圆锥的投影

圆锥体由圆锥面和底面围成，圆锥面是由一条直线绕着与它相交的另一直线为轴回转而成。底面与回转轴垂直的圆锥体为正圆锥体。

如图 4-7 所示，是一个正圆锥体的三面投影，在 H 投影中，底面的投影为反映实形的圆平面，圆锥面的投影无积聚性，与底面投影重合，圆锥面可见，底面不可见；在 V 投影中，三角形为前、后两个半圆锥面的重合投影，前半圆锥面可见，后半圆锥面不可见，最左、最右两条素线为轮廓素线，三角形的底边还是底面的积聚投影；在 W 投影中，三角形为左、右两个半圆锥面的重合投影，左半圆锥面可见，右半圆锥面不可见，最前、最后两条素线为轮廓素线，三角形的底边还是底面的积聚投影。

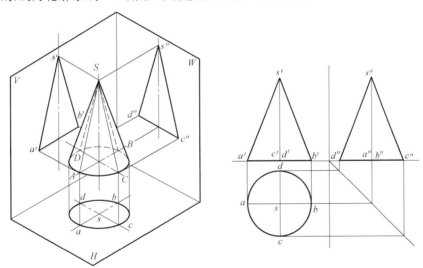

图 4-7　圆锥的投影

4.2.3 球体的投影

球面是一种曲线曲面，可以看作是由一个圆绕着它的一条直径回转而成。

如图 4-8 所示，是球体的三面投影。球体的三面投影均为大小相同的圆平面。但要注意，它们不是同一个圆的投影。在 H 投影中，圆平面表示上、下两个半球面的重合投影，上半球面可见，下半球面不可见，圆周线为平行于 H 面的轮廓素线的显实投影；在 V 投影中，圆平面表示前、后两个半球面的重合投影，前半球面可见，后半球面不可见，圆周线为平行于 V 面的轮廓素线的显实投影；在 W 投影中，圆平面表示左、右两个半球面的重合投影，左半球面可见，右半球面不可见，圆周线为平行于 W 面的轮廓素线的显实投影。显然，与球体三面投影所对应的球面轮廓素线是不同方位的。

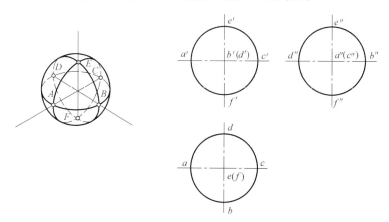

图 4-8　球体的投影

4.2.4　曲面上点的投影

求作曲面上点的投影，应根据不同曲面的投影特点，分别采用不同的方法。

圆柱面上点的投影，可直接利用圆柱面的积聚性求得。

【例 4.3】如图 4-9（a），已知圆柱体表面 M、N 两点的 V 投影 m'、(n')，求其 H 投影 m、n 和 W 投影 m''、n''。

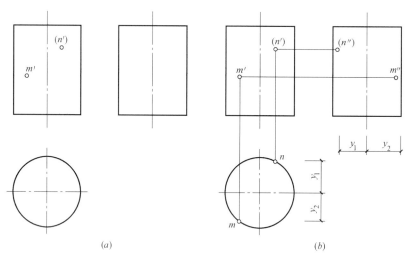

图 4-9　圆柱体表面点的投影
（a）已知；（b）作图

分析：由 m'、n' 的可见性可知，M 点位于前半个圆柱面上，N 点位于后半个圆柱面上。利用圆柱面在 H 面上的积聚投影，可直接求出 m、n。再由 m、n 和 m'、n'，可求出 m''、n''。

作图过程如图 4-9 (b) 所示。

求圆锥面上点的投影，可以用素线法，也可以用纬圆法。素线法是将点看作是在圆锥体的某一条素线上，而利用素线的投影求作点的投影的方法。纬圆法是将点看作是在圆锥体的某一个纬圆上，并利用纬圆的投影求作点的投影的方法。

回转曲面上任一点，随母线一起运动的轨迹是一个圆，这个圆称为纬圆。由于母线是由无数点组成的，所以回转曲面也可以看成是由无数纬圆组成的。纬圆均与回转轴垂直，其圆心都在回转轴上。

【例 4.4】如图 4-10 (a)，已知圆锥体表面上一点 M 的正面投影 m'，求其水平投影 m 及侧面投影 m''。

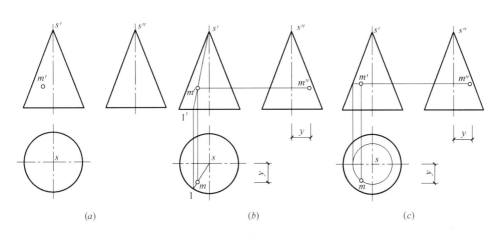

图 4-10　圆锥体表面点的投影

(a) 已知；(b) 素线法作图；(c) 纬圆法作图

分析：由 m' 的可见性可知，点 M 位于前半个圆锥面上。由于圆锥面没有积聚投影，因而不能直接作图求出 m 或 m''，而要用素线法或纬圆法来求。

素线法作图过程如图 4-10 (b) 所示，步骤如下：

(1) 过 m' 作素线 $s'1'$，并示出 $s1$。

(2) 从 m' 向下引铅垂线与 $s1$ 相交，交点即为 m。

(3) 由 m、m' 求出 m''。

纬圆法作图过程如图 4-10 (c) 所示，步骤如下：

(1) 过 m' 作底面的平行线，该线段即为点 M 所在纬圆的 V 面投影。

(2) 以该线段为直径，s 为圆心作圆，这是点 M 所在纬圆的 H 面投影。

(3) 从 m' 向下引铅垂线与纬圆前面部分相交的交点，即为 m。

(4) 由 m、m' 求出 m''。

求作球体表面点的投影，应使用纬圆法，即将点看作是在球面的某一纬圆上，求出该纬圆的投影即可求出点的投影。

【例 4.5】如图 4-11 (a)，已知球体表面点 M 的 V 投影 m'，求 m 及 m''。

作图过程如图 4-11 (b) 所示，步骤略。

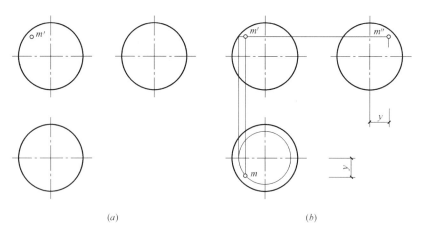

图 4-11　球体表面点的投影

（a）已知；（b）作图

4.3　形体表面交线的投影

建筑形体被某一平面截割后的形体，成为截断体。截割形体的平面，称为截平面。截平面与形体的交线，成为截交线。截交线所围成的平面图形，成为截面，如图 4-12 所示。

4.3.1　平面体的截交线

平面体表面由一些平面所围成，平面体被一平面截割后所形成的截交线，为截平面上的一条封闭折线，折线的每一线段为形体的表面与截平面的交线，转折点为平面体的棱线与截平面的交点。常见的平面立体有棱柱和棱锥，在求作其截交线时，可先求出各棱线与截平面的交点，然后将各交点连成截交线。

【例 4.6】如图 4-13，已知正五棱柱被与水平面成 45°的正截面截断，求截交线的投影。

作图过程如图 4-14 所示，步骤如下：

（1）先绘制截交线的水平投影。根据各棱面在水平投影上的积聚性可知，截交线的水

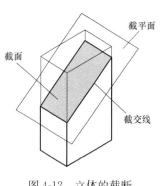

图 4-12　立体的截断

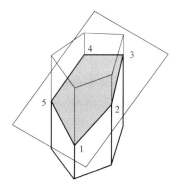

图 4-13　五棱柱的截交线

平投影必然与五棱柱的水平投影重合，得到交点 1、2、3、4、5。

（2）绘制截交线的正立投影。由于截平面为与水平面成45°的正垂面，所以截交线的正立投影积聚成45°直线。

（3）根据1′、2′、3′、4′、5′点作水平线，分别与五棱柱的侧立投影对应的棱线相交，求得1″、2″、3″、4″、5″，连接各点即得截交线的投影。

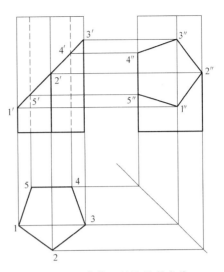

图 4-14 求作五棱柱的截交线

4.3.2 曲面体的截交线

平面截割曲面体的截交线，根据截平面与曲面体的相对位置，截交线可以是平面曲线，也可以是平面折线。曲面体截交线上的每一点，都是截平面与曲面体表面的共有点，故求出它们的一些共有点，并依次连接起来，即可得截交线的投影。

求共有点常用素线法或辅助圆法。

【例4.7】如图4-15，已知圆柱被一正垂面（倾斜于圆柱轴线）截断，求截交线的投影。

作图过程如图4-16所示，步骤如下：

（1）在圆周上取8条素线，将圆周八等分。各素线在水平投影平面上的投影积聚成一点，所以圆周上的8个等分点即是截平面与各素线交点的水平投影。

（2）截平面为正垂面，所以截交线的正立投影积聚成一条直线，根据各素线的正立投影确定各交点位置。

（3）由各交点的正立投影作水平线条与各素线的侧立投影相交，即得各交点的侧立投影。

（4）连接各交点成一椭圆，即为截交线投影。

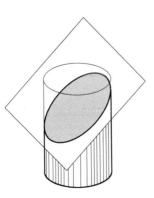

图 4-15 圆柱的截交线

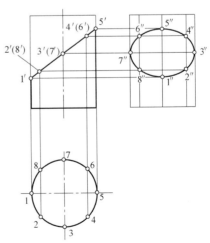

图 4-16 求作圆柱的截交线

4.3.3 平面体相贯

两相交的形体成为相贯体，其表面的交线称为相贯线。两平面体相贯，它们的相贯线可以是封闭的平面折线，也可以是空间折线。折线上的各转折点为两平面体棱线相互的贯穿点，依次连接这些贯穿点的投影，即得两平面体相贯线的投影。

【例4.8】 如图4-17，求作烟囱与屋面的相贯线投影。

作图过程如图4-18所示，步骤如下：

（1）求作水平投影。利用烟囱水平投影的积聚性，求得1、2、3、4贯穿点，其连线即为相贯水平投影。

（2）求作侧立投影。利用烟囱侧立投影积聚性，求得1″、2″、3″、4″贯穿点，其连线即为相贯线侧立投影。

（3）求作1′、2′、3′、4′贯穿点，其连线即为相贯线正立投影。

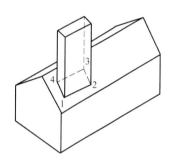

图4-17　烟囱与屋面相贯

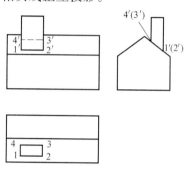

图4-18　求作烟囱与屋面的相贯线

4.3.4 平面体与曲面体相贯

平面体与曲面体相贯，其相贯线由若干平面曲线和直线组成。每一段平面曲线或直线的转折点，就是平面体的棱线对曲面体表面的贯穿点，求出这些贯穿点，再求出曲线部分的一些点，根据相贯实际情况，依次连成曲线或直线，即得平面体与曲面体的相贯线。

【例4.9】 三棱柱与圆柱相贯，如图4-19所示，已知侧立投影，求其相贯线投影。

作图过程如图4-20所示，步骤如下：

图4-19　三棱柱与圆柱相贯

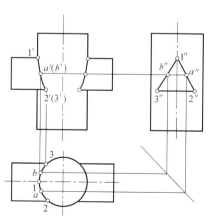

图4-20　求作三棱柱与圆柱的相贯线

（1）形体分析可知，三棱柱的侧立投影有积聚性，该三角形即为相贯线的侧立投影，求得贯穿点 $1''$、$2''$、$3''$。

（2）根据圆柱水平投影特性的积聚性，可求得贯穿点 1、2、3。

（3）在正立投影中，求得贯穿点 $1'$、$2'$、$3'$，相贯线 $1'2'$ 和 $1'3'$ 为曲线，所以还要求取该曲线上的点。

（4）在侧立投影中取辅助点 a''，求得 a 和 a'，连接各贯穿点即得相贯线的投影。

4.3.5 曲面体与曲面体相贯

曲面体与曲面体相贯，其相贯线由若干曲线组成。每一段曲线的转折点，就是曲面体表面的贯穿点，求出这些贯穿点，再求出曲线部分的一些点，根据相贯实际情况，依次连成曲线，即得曲面体与曲面体的相贯线。

【例 4.10】圆柱与圆柱相贯，如图 4-21 所示，求其相贯线投影。

作图过程如图 4-21 所示，步骤如下：

（1）形体分析可知，较小的圆柱水平投影有积聚性，取特殊贯穿点 1、2、3。

（2）根据投影原理，求得贯穿点 $1''$、$2''$ 和 $1'$、$2'$。

（3）由于相贯线 $1'2'$ 为曲线，所以还要求取该曲线上的点。

（4）在水平投影中取辅助点 a 和 b，根据投影原理，求得贯穿点 a''、b'' 和 a'、b'，连接各贯穿点即得相贯线的投影。

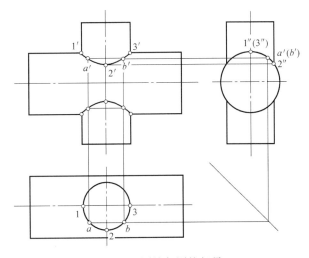

图 4-21　圆柱与圆柱相贯

4.4　基本形体的尺寸标注

基本形体的尺寸为定形尺寸，根据一般几何体的形体特征，任何基本形体都有长、宽、高三个方向的大小。所以，在投影图上标注尺寸时，要把反映基本形体三个方向大小的尺寸都标注出来，才能确定其形状大小。

常见基本形体的尺寸标注如图 4-22 所示。形体的尺寸一般标注在一到两个反映实形的投影图上,对于常见基本形体而言,在平面图上,棱柱、棱锥一般标注长、宽尺寸,圆柱、圆锥一般标注圆的直径尺寸,在立面图上,均标注高度尺寸,球体只需标注其直径尺寸。

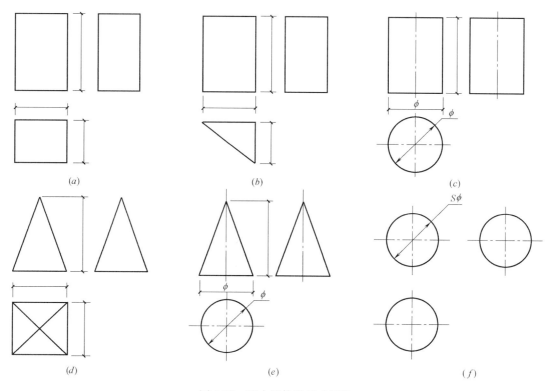

图 4-22　基本形体的尺寸标注
(a) 长方形;(b) 三棱柱;(c) 圆柱;(d) 四棱锥;(e) 圆锥;(f) 圆球

对几何体标注尺寸后,有时可减少投影图的数量。如棱柱、棱锥可省掉侧面图,用平面图、立面图表示;圆柱、圆锥的圆直径与高度尺寸分别标注在平面图和立面图上时,可用这两个投影表示,也可一起标注在立面图上,用一个投影表示。球体的直径尺寸标注在一个投影图上后,就可省略其他两个投影。

复习思考题

1. 什么是平面体?怎样作平面体的投影?
2. 什么是曲面体?怎样作曲面体的投影?
3. 平面体与平面体的相贯线会出现曲线的情况吗?
4. 曲面体与曲面体的相贯线一定是曲线吗?
5. 基本形体的尺寸标注有什么要求?

第5章 组合体的投影

建筑工程中常见的形体，除了形状简单、结构单一的基本形体外，还有许多形状、结构比较复杂的形体，如图5-1所示的房屋和水塔。这些形体不管它们的形状、结构怎样复杂，都可以看成是由若干个基本形体或简单形体，经过叠加、切割等方式组合而成。因此，把这类形体称为组合体。显然，组合体的投影是以基本形体的投影为基础的。

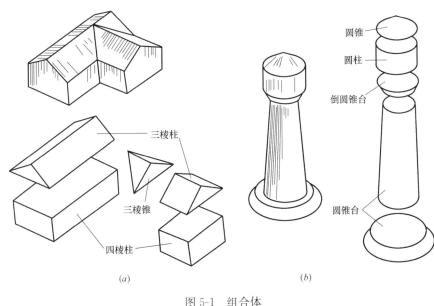

图 5-1 组合体
(a) 房屋；(b) 水塔

5.1 组合体投影图的画法

画组合体的投影图时，可先将组合体分解成若干个基本形体或简单形体（包括被挖切的部分），并分析它们各自的形状和相互之间的位置关系，逐一解决它们的画图问题，然后再加以综合，完成该组合体的投影图。这种把一个形体分解成若干个基本形体或简单形体的方法，称为形体分析法。形体分析是画组合体投影图的首要步骤。

5.1.1 形体分析

对组合体进行形体分析，就是对形成组合体的各个基本形体或简单形体（包括被挖切部分）的相对位置和组成特点进行分析，并根据作图方便的原则分解组合体。

如图5-2所示的小门斗，用形体分析的方法可以把它看成是由六个基本几何体组成的。主体部分由下而上分别是横放的长方体底板、竖放的四棱柱和横放的三棱柱，同时，长方体底板上切去了一个小长方体，中间的四棱柱上挖去了一个小四棱柱，上面的三棱柱上挖去了一个半圆柱。

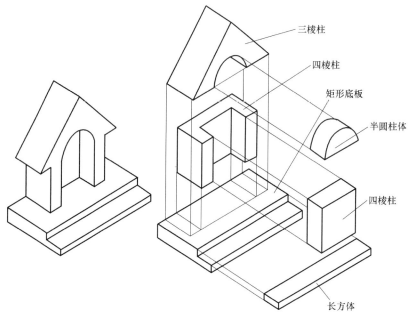

图 5-2　小门斗的形体分析

5.1.2　视图选择

视图选择的原则是用较少的投影图把形体表达完整、清楚。形体的投影虽然与形体本身的形状有关，但更重要的在于形体与投影面的相对位置。因此，视图选择就是要确定形体在三投影面体系中放置的方位以选择其正面投影。

形体的正面投影应选择形体的主要面或特征面。因此，形体在三投影面体系中放置的方位，通常是按其正常工作的方位放置，比较符合人的视物习惯。同时，使形体的主要面或特征面平行于正立投影面，使形体的正面投影尽量反映形体各部分的形状和相对位置，这一步也称为定主视。

在完整表达形体形状的一组投影图中，正立投影图常作为主要的投影图，反映形体的形状特点，因而习惯称为主视图。

如图 5-3 所示为小门斗的视图选择。从 A 方向看到的形体面能够比较完整地反映形体的形状特征，且投影图不会出现虚线，可以作为形体的主视图方向。而从 B 方向看到的形体面不能真实表现形体的形状特点，并且投影图中还会出现虚线，因而不宜作为形体的主视图方向。

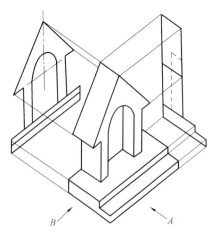

图 5-3　小门斗的视图选择

形体的正面投影一经确定，其他投影也会随之而定。当然，视图选择也不是绝对的，应根据具体情况进行综合分析。在完整表达形体的前提下，应尽量减少投影图数量，并使作出的图形清晰、虚线少。

5.1.3 画图

在完成形体分析，选择正面投影后，就可以开始作图了。对分解后的形体作投影图，方法一般有两种：一是三个投影图同步进行；二是三个投影图逐个完成。两种方法各有优缺点，前者适用于复杂形体，便于单个线、面的对照作图，后者适用于简单形体，可加快作图速度，具体作图时，也可两者穿插进行。

下面以图5-4所示的小门斗三面投影的画法为例，说明画组合体投影图的一般步骤：

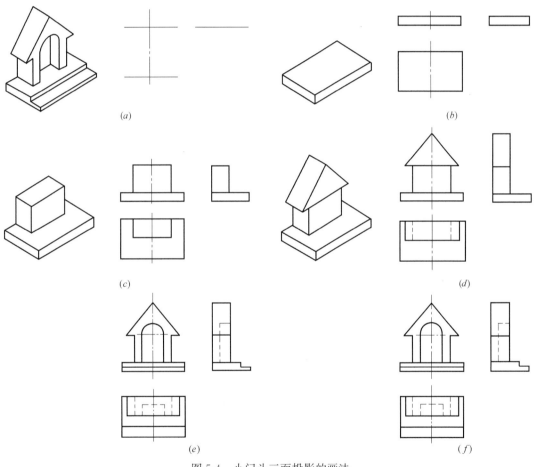

图5-4　小门斗三面投影的画法

1. 布置图面

根据绘图比例和投影图数量选定图幅，并用中心线、对称线或者基线，在图幅内定好各投影图的位置，如图5-4（a）所示。

2. 画底稿线

根据形体分析的结果，用细线顺次、逐个地画出各基本形体的三面投影，如图5-4（b）、（c）、（d）、（e）所示。

3. 加深图线

对底稿进行检查校对，经确认无误后按线型规格加深图线，如图 5-4（f）所示。

完成的形体投影图要注意正确表达各基本形体之间的表面连接关系，它们相互叠合时产生的交线是否保留，要视原形体结构具体对待。要注意组合体是一个完整的形体，分解组合体是为了分析形体，方便作图。为了保持组合体形体的完整性，其各个组成部分的结合处不能出现形体本身所没有的轮廓线。同时，还要注意保持各基本形体在组合体中的相对位置不能改变。

5.2 组合体的尺寸标注

为了明确组合体本身及其各构成部分的尺寸大小和具体的相对位置关系，组合体的投影图还必须标注足够的尺寸。图5-5是小门斗投影图的尺寸标注。

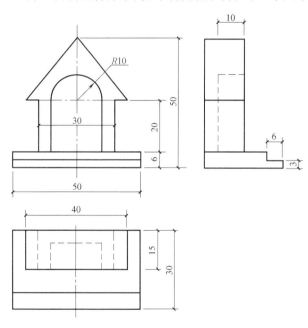

图 5-5 小门斗的尺寸标注

组合体的尺寸包括定形尺寸、定位尺寸和总尺寸。

定形尺寸是表明构成组合体的各基本形体大小的尺寸。定形尺寸应标注在反映形体特征的投影图上，比如圆的直径或半径应标注在圆弧的显实投影上，如图 5-5 主视图中标注的半圆柱半径尺寸 R10。

定位尺寸是确定构成组合体的各基本形体相对位置的尺寸。标注定位尺寸要有基准，对称形体常以其对称中心线为基准，回转体的定位尺寸，应标注到回转体的轴线上，而不能标注到回转曲面上。

总尺寸是表示组合体的总长、总宽和总高的尺寸。当构成组合体的基本形体的定型尺寸与组合体的总尺寸相同时，应合二为一，不重复标注，如图 5-5 俯视图中标注的竖向尺寸 30，既是长方体底板的宽度尺寸，也是组合体小门斗的总宽尺寸。

给组合体投影图标注尺寸时，应在对组合体进行形体分析的基础上，顺序标出其定形尺寸、定位尺寸和总尺寸。尺寸标注不但要完整、准确，而且要清晰、合理，以便于阅读。

5.3 组合体投影图的识读

对组合体投影图的识读，是运用投影规律对组合体的投影图进行分析，从而想象组合体空间形状的过程。这个过程比较抽象，有一定难度。因此，掌握正确的识读方法十分必要。

识读组合体投影图的方法主要有两种，即形体分析法和线面分析法。

5.3.1 形体分析法

形体分析法是识图的基本方法，它以基本形体的投影为基础，通过对构成组合体的各个基本形体投影的识读以及它们之间的相对位置和连接关系，想象组合体的整体形状。

下面以图 5-6 为例，说明形体分析法的具体方法和步骤：

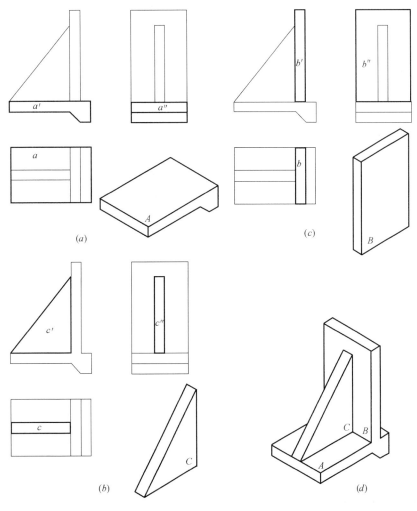

图 5-6 组合体投影图的识读（一）

1. 取线框、分解投影

将形体的某一投影图按线框划块，分解成若干部分，每一部分对应于一个简单形体。被分解的投影图一般是能明显反映形体形状特征的主视图。

2. 对应投影、想形状

根据三等关系，分别在其他两个视图中找出各分解部分的对应投影，利用三个投影，

43

逐一想象它们的空间形状。

3. 综合形位想整体

根据各分解部分的空间形状及其相对位置和连接关系，综合想象整个形体的空间形状。

5.3.2 线面分析法

线面分析法是一种辅助识图方法，主要用于识读投影图中个别难以读懂的线、面的投影。它以线、面的投影规律为基础，对投影图中的某一线段或线框进行分析，根据它们的投影特点，分析它们的空间形状、相对位置和连接关系，从而想象整个形体或形体上某一局部的空间形状。

下面以图 5-7 为例，说明线面分析法的具体方法和步骤：

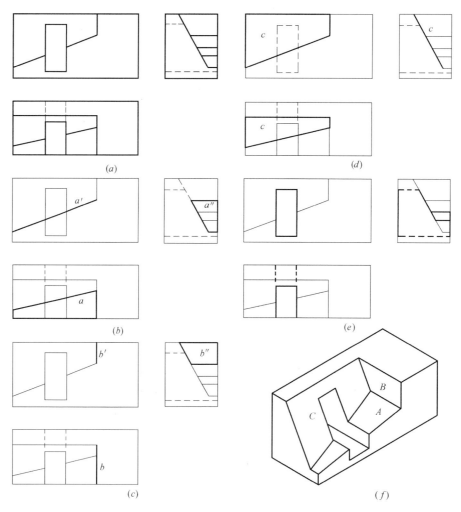

图 5-7　组合体投影图的识读（二）

1. 取线框、对投影、想形状

从形体的某一投影图中取出难以识读的线段或线框，分别在其他两个视图中找出它的对应投影，利用三个投影分析该线段或线框表示的空间意义，并逐一采用上述方法分析其他线段或线框等复杂投影所表示的空间意义。

2. 综合形位想整体或局部

根据所有复杂投影表示的空间意义及其相对位置和连接方式，综合想象形体整体或某一局部的形状。

在识读组合体的投影图时，线面分析法常与形体分析法配合使用，一般以形体分析法为主，对形体中一些局部的复杂投影辅以线、面分析。两种方法综合运用，可以互检互补，少出差错。

5.3.3 关于补图

补图，就是根据已知的形体两面投影，补画其第三投影。补图过程实际上是识图和画图过程的综合，其一般步骤是：首先对已知的投影进行形体分析，初步想象形体的空间形状，然后根据各基本形体的投影规律，画出各部分的第三投影。对于其中较难读懂的部分，再采用线面分析法，根据线、面的投影规律，补画该部分的第三投影，最后加以整理得到形体的第三投影。

图 5-8 为已知形体的平面图和立面图，补画其侧面图的作图过程。

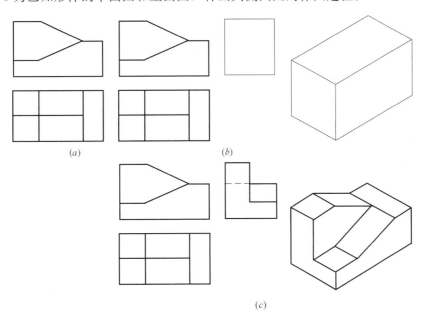

图 5-8 已知 *H*、*V* 补 *W*

图 5-9 为已知形体的立面图和侧面图，补画其平面图的作图过程。

值得注意的是，由形体的两面投影求其第三投影，答案可能不是唯一的。这是由正投影的特性造成的。以线的投影为例，线在投影图中的意义有三：可能是线的投影；也可能是面的积聚投影；还可能是曲面轮廓素线的投影。第三投影不唯一，和前面所说的单面或两面投影不能确定形体的空间形状的结论是一致的。这种情况对于施工图来说是不允许的，但对制图与识图练习来说，只要符合投影规律，投影关系正确，多种答案都是可以的。

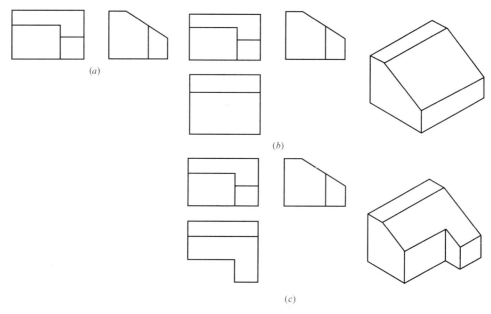

(a)

(b)

(c)

图 5-9　已知 V、W 补 H

复习思考题

1. 什么是组合体？它有几种类型？
2. 什么是形体分析？它有什么作用？
3. 怎样画组合体的投影图？
4. 识读组合体投影图的方法有哪些？
5. 怎样给组合体标注尺寸？

第6章 轴测投影

三面正投影能够完整、准确地反映空间物体的形状和大小，在工程制图中应用最广。但这种投影图缺乏立体感，不容易看懂。因此，工程上有时也采用立体感较强的轴测投影图作辅助图样，以帮助我们尽快掌握物体的空间形状。

6.1 轴测投影基本知识

6.1.1 轴测投影的形成

为了获得有立体感的图样，必须使所得到的投影图能同时反映物体的三个向度。那么，如图6-1所示，采用与物体三个向度都不一致的投影方向，将空间物体和反映其长、宽、高三个向度的空间直角坐标系一起，平行投影到某一投影面上，便可得到这样的投影图。这种投影方式称为轴测投影，所得到的投影图称为轴测投影图，简称轴测图。

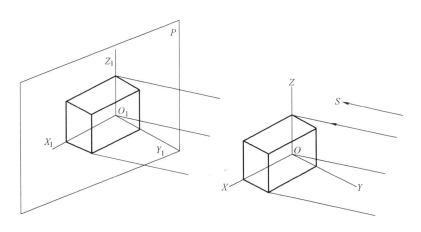

图6-1 轴测投影的形成

为此规定：选定的投影面称为轴测投影面；空间直角坐标系 $O\text{-}XYZ$ 在轴测投影面上的投影以 $O_1\text{-}X_1Y_1Z_1$ 表示，相应各轴的投影，称为轴测轴；轴测轴之间的夹角 $\angle X_1O_1Y_1$、$\angle X_1O_1Z_1$、$\angle Y_1O_1Z_1$ 称为轴间角；沿轴测轴度量的图形尺寸与物体的空间实际尺寸之比，称为轴向变形系数，X、Y、Z 三个方向的轴向变形系数分别用 p、q、r 表示。

6.1.2 轴测投影的特性

轴测投影作为一种平行投影，应具有平行投影的基本性质：

空间互相平行的直线，其轴测投影仍然相互平行，且变形系数相同。因此，形体上平行于空间坐标轴的直线，其轴测投影必然平行于相应的轴测轴，变形系数等于相应的轴向变形系数。

轴测图能在一个投影图中同时反映形体的长、宽、高三个向度，具有较强的立体感，容易识读，并且沿投影的长、宽、高三个方向可以度量形体的尺寸大小（需利用变形系数换算），这是轴测图的主要优点。

与此同时，轴测图也存在一些明显的缺点，如轴测图是在一个投影图中同时表达形体的几个侧面，侧面与侧面之间相互遮挡，使形体难以表达完整、清楚；其次，轴测图存在变形，不能准确反映形体的真实形状。一般来说，轴测投影会使矩形变成平行四边形、直角变成钝角或锐角，圆形变成椭圆形等。并且形体中与长、宽、高三个向度不平行的方向无法度量其尺寸大小；再次，轴测图作图比较繁琐，因而只能作为辅助图样。

6.1.3　轴测投影的分类

根据轴测投影方向与轴测投影面的位置关系，轴测投影可分为两大类：

当形体斜放，其三个向度都与轴测投影面倾斜，而投影方向与轴测投影面垂直时所形成的轴测投影，称为正轴测投影，如图 6-2（a）所示。

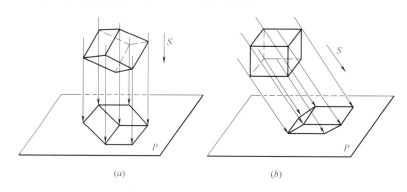

图 6-2　轴测投影的分类

当形体正放，其两个向度与轴测投影面平行，而投影方向与轴测投影面倾斜时所形成的轴测投影，称为斜轴测投影，如图 6-2（b）所示。

6.2　正轴测投影图

6.2.1　常用正轴测图类型

形体的三个向度与轴测投影面之间，可以有不同的倾斜角度。因此，同一形体可以画出多种不同的正轴测图来。常用的正轴测图有：

1. 正等测图

当形体的三个向度与轴测投影面之间的倾斜角度都相等时，所得到的正轴测图，称为正等测图，如图 6-3 所示。

正等测图的三个轴间角相等，都为 $120°$，三个轴向变形系数 $p=q=r=0.82$，为作图简便，常采用简化变形系数 $p=q=r=1$。考虑人的视物习惯，一般规定把表示高度方向的轴测轴 O_1Z_1 画为铅垂线，则表示长度和宽度方向的轴测轴 O_1X_1 和 O_1Y_1 必与水平线呈 $30°$。

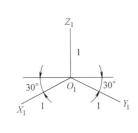

图 6-3　正等测

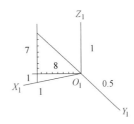

图 6-4　正二测

2. 正二测图

当形体三个向度中有两个与轴测投影面的倾斜角度相等时，所得到的正轴测图，称为正二测图，如图 6-4 所示。

正二测图的三个轴向变形系数按空间几何关系计算为 $p=r=0.94$，$q=0.47$。为作图简便，通常简化为 $p=r=1$，$q=0.5$。三个轴间角分别为 $\angle X_1O_1Y_1 = \angle Y_1O_1Z_1 = 131°25'$，$\angle X_1O_1Z_1 = 97°10'$，此轴间角可以用线段比例近似画出（$tg7°10' = 1 : 8$，$tg41°25' = 7 : 8$）。

6.2.2　正轴测图作图

【例 6.1】　如图 6-5（a），已知榫块的两面正投影，求作其正等测图。

分析：由已知的两面正投影图可知，形体是一个带有凹凸榫的长方体，上下底面相同。作图时，可先画出其中一个底面，再竖高画出另一面即可。

作图步骤如下：

（1）画轴测轴。按正等测图的轴测轴方向和轴间角画出轴测轴，各轴向变形系数均为 1（图 6-5（b））。具体作图时，长、宽、高三个方向的尺寸均仍按正投影图中的实际尺寸画。

（2）画底面。从水平投影图上量取形体的长和宽，沿轴测轴的长、宽方向，画出形体的底面轮廓线（图 6-5（c））。

（3）竖高。从已画出的底面轮廓线的各转折点引铅垂线，其长度从正立投影图上量取。向上竖高可画出仰视效果，向下竖高可画出俯视效果（图 6-5（d））。

（4）连线成图。连接形体可见部分的轮廓线，并整理完成所画榫块的正等测图（图 6-5（e））。

【例 6.2】　如图 6-6（a），已知杯形基础的两面正投影，求作其正二测图。

分析：从已知的两面正投影图可知，杯形基础由下至上是由四棱柱、四棱台和带有矩形孔洞的四棱柱三个基本形体叠加而成的。作图时，宜由下而上，逐个形体叠加画出。

作图步骤如下：

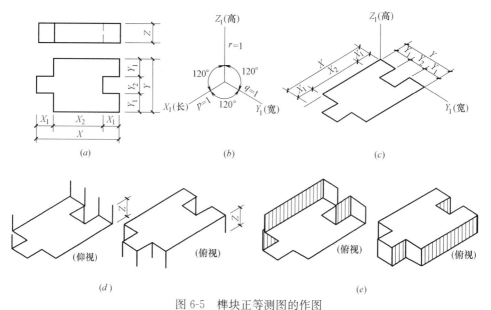

图 6-5　榫块正等测图的作图

(a) 已知正立和水平投影图；(b) 确定轴测轴；(c) 画出形体的底；

(d) 竖高；(e) 连接可见边，检查整理描深，即为所求

　　(1) 画轴测轴。按正二测图的轴测轴方向和轴间角画出轴测轴，轴向变形系数分别为 $p=r=1$，$q=0.5$（图 6-6 (b)）。具体作图时，长和高两个方向的各尺寸仍按正投影图中的实际尺寸画，而宽度方向的各尺寸则按正投影图中的实际尺寸乘以轴向变形系数 0.5 后画。

　　(2) 画基础下部的四棱柱。基础下部的四棱柱应画成俯视效果，并在其顶面画出上部四棱台顶面的投影轮廓线（图 6-6 (c)）。

　　(3) 画基础中部的四棱台。基础中部四棱台的底面与下部四棱柱的顶面重合，从四棱柱顶面已画出的四棱台顶面投影轮廓线的各转折点向上竖高，画出四棱台的顶面，并连线画出四棱台的各条侧棱（图 6-6 (d)）。

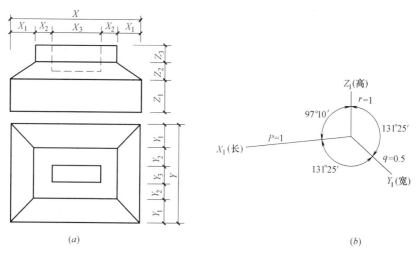

图 6-6　杯形基础正二测图的作图（一）

(a) 已知正投影图；(b) 确定轴测轴和变形系数

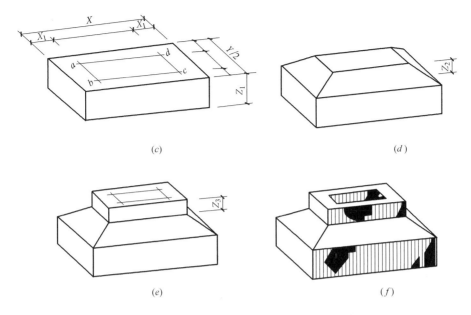

图 6-6　杯形基础正二测图的作图（二）

（c）画下部四棱柱体并在顶面画出四棱台上底的水平投影；（d）向上竖高，画出四棱合上底并
连接棱台的侧棱线；（e）画上部四棱柱体和孔洞的水平投影；（f）画出孔洞并完成全图

（4）画基础上部的四棱柱。基础上部四棱柱的底面与中部四棱台的顶面重合，从四棱台顶面的四个顶点向上竖高，画出上部的四棱柱，并在其顶面画出矩形孔洞的投影轮廓（图 6-6（e））。

（5）画基础上部四棱柱的杯孔。从基础上部四棱柱顶面已画出的矩形孔洞投影轮廓线的各转折点向下竖高，画出杯孔的可见部分，并整理完成所画杯形基础的正二测图（图 6-6（f））。

6.3　斜轴测投影图

6.3.1　常用斜轴测图类型

斜轴测图按形成的轴测投影面不同，分为正面斜轴测图和水平斜轴测图。

1. 正面斜轴测图

正面斜轴测图是以正立投影面或与正立投影面平行的平面作轴测投影面，所得到的斜轴测图，如图 6-7 所示。

由于空间坐标面 XOZ 平行于轴测投影面，其投影反映实形。所以，轴间角 $\angle X_1 O_1 Z_1 = 90°$，轴向变形系数 $p = r = 1$。轴 $O_1 Y_1$ 的方向和变形系数 q 的大小取决于轴测投影方向对轴测投影面的倾斜程度，一般取 $O_1 Y_1$ 与水平线呈 45°，$q = 0.5$。这种正面斜轴测图，又称为正面斜二测。

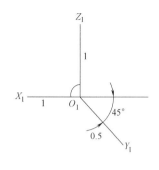

图 6-7　正面斜二测

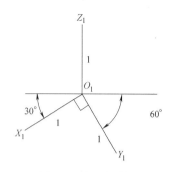

图 6-8　水平斜等测

2. 水平斜轴测图

水平斜轴测图是以水平投影面或与水平投影面平行的平面作轴测投影面，所得到的斜轴测图，如图 6-8 所示。

由于空间坐标面 XOY 平行于轴测投影面，其投影反映实形。所以，轴间角 $\angle X_1O_1Y_1 = 90°$，轴向变形系数 $p = q = 1$。为符合人的视物习惯，使高度方向轴测轴 O_1Z_1 保持铅垂，轴 O_1X_1 与水平线呈 $30°$，O_1Y_1 与水平线呈 $60°$，并取 $r = 1$。这种水平斜轴测图，又称为水平斜等测。

6.3.2　斜轴测图作图

根据斜轴测投影的特点，形体的正面斜轴测图反映了形体正立面的真实形状和大小，水平斜轴测图反映了形体水平面的真实形状和大小。利用斜轴测投影的这种特性，可以简化形体的斜轴测图作图。

【例 6.3】　如图 6-9 (a)，已知挡土墙的两面正投影，求作其正面斜二测图。

分析：由已知的两面正投影图可知，挡土墙的立墙在底板的右上方，三角形扶墙在底板的左上方，为清楚表达挡土墙的上部构造，代表宽度方向的轴测轴应向左上方倾斜。

作图步骤如下：

（1）画轴测轴。按正面斜轴测图的轴测轴方向和轴间角画出轴测轴，代表宽度方向的轴测轴向左上方倾斜，轴向变形系数分别为 $p = r = 1$，$q = 0.5$（图 6-9 (b)）。

（2）画挡土墙底板和立墙。按轴测轴方向，画挡土墙底板和立墙的正立投影，并沿宽度方向轴测轴，画出挡土墙的宽（图 6-9 (c)）。

（3）画三角形扶墙。根据三角形扶墙的位置，先画出它的前侧面（图 6-9 (d)）。

（4）完成扶墙，并擦去被遮挡的线条，整理完成挡土墙的正面斜二测图（图 6-9 (e)）。

【例 6.4】　如图 6-10 (a)，已知水池的两面正投影，求作其水平斜等测图。

分析：要看到池底及圆孔，必须把水池画成俯视效果的水平斜轴测图。

作图步骤如下：

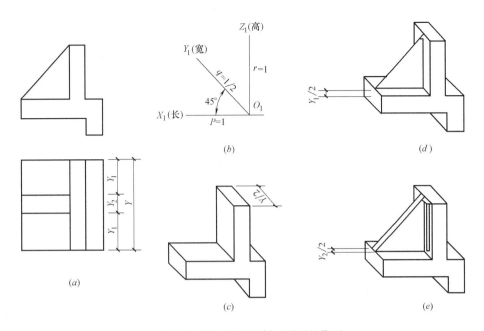

图 6-9 挡土墙正面斜二测图的作图

（a）已知正立和水平投影图；（b）确定轴测轴和变形系数；（c）画立墙和底板；

（d）画三角形扶墙的前侧面；（e）完成扶墙，擦去被遮挡的线条

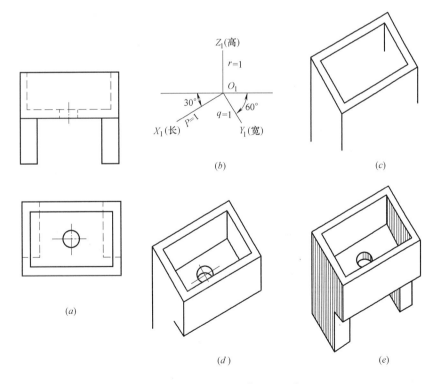

图 6-10 水池水平斜等测图的作图

（a）已知正投影图；（b）确定轴测轴和变形系数；（c）画平面图并引高；

（d）画池底并找出圆孔位置；（e）完成圆孔、支架图，检查整理

（1）画轴测轴。按水平斜轴测图的轴测轴方向和轴间角画出轴测轴，各轴向变形系数均为1（图 6-10（b））。

（2）按轴测轴方向，画水池上沿的平面图，并向下画出水池的深度线（图 6-10（c））。

（3）按池深画出池底，并画出池底圆孔（图 6-10（d））。

（4）画底部支座，整理完成水池的水平斜等测图（图 6-10（e））。

6.3.3　斜轴测图的应用

水平斜轴测图在建筑工程制图中应用较多，常用于表达建筑物或建筑群的外观及平面布置等情况。图 6-11 所示为水平剖切的房屋水平斜轴测图，图 6-12 所示为建筑小区的水平斜轴测图。

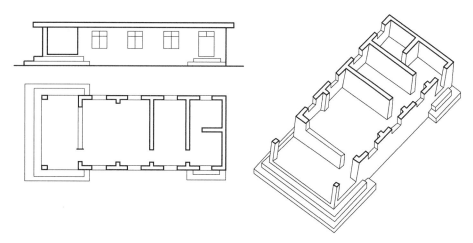

图 6-11　房屋的水平斜轴测图

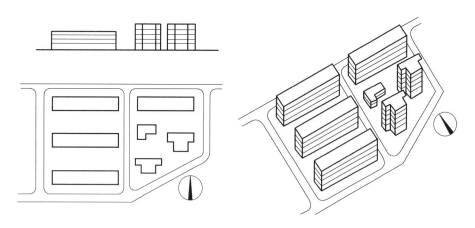

图 6-12　建筑小区的水平斜轴测图

房屋的水平斜轴测图，可用于反映房屋内部房间的分割安排、门窗的位置分布及其他构件的布置情况等。建筑小区的水平斜轴测图，可以反映小区中各建筑物、道路、设施等的平面位置及相互关系。它们是将房屋或建筑小区的平面图旋转一定的角度后，再竖高而

54

画成的。

由以上不同形体的轴测图作图过程可以看出，在画图之前先要对所画形体进行分析，即根据其正投影图，分析、掌握形体的形状特点，并按照有利于表达和作图方便的原则，或根据某些特定的表达需要，确定轴测轴方向和轴向变形系数，然后再进行画图。而在形体分析的基础上确定轴测轴方向和轴向变形系数，就是选择轴测图的类型，这是作形体轴测图的重要步骤。

6.4 轴测图类型的选择

上述四种不同类型的轴测图，有的立体感强、表达效果好，有的作图简便，在实际作图时，究竟该如何选择？

画形体的轴测图时，应根据各种形体的不同形状特征和表达需要，选择合适的轴测类型以达到理想的表达效果，并适当考虑作图的繁简程度。选择轴测图类型一般有以下三条原则：

6.4.1 形体表达完整、清楚

形体表达完整、清楚是图样表达效果好的一个方面。画形体的轴测图时，要根据形体的构造特征和表达需要选择轴测类型，使画出的图样能完整、全面地反映物体形状，并尽量减少图形之间的相互遮挡，尽可能多地表达形体构造特征或是使需要表达的部分最为清楚、明显。图 6-13 为两组同一形体不同轴测图表达效果的比较，在图 6-13（a）中，形体正等测图的表达效果比正面斜二测好，而在图 6-13（b）中，另一形体正面斜二测图的表达效果却比正等测好。

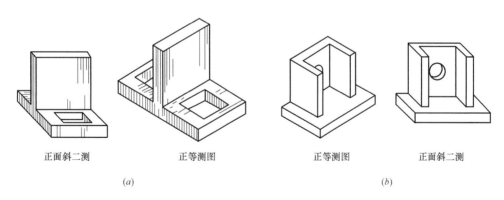

正面斜二测　　　　正等测图　　　　　　正等测图　　　　正面斜二测

（a）　　　　　　　　　　　　　　　（b）

图 6-13　同一形体不同轴测图表达效果的比较

6.4.2 图样立体感强

图样的立体感强是表达效果好的另一重要方面。画图时要避免出现图线贯通及图形重叠的情况。若在三面正投影图中，形体的平面图和立面图均有 45°角时，画其轴测图时宜采用正二测，可避免转角交线的投影成直线和成左右对称的图形，影响图样的立体感。图

6-14 为两组同一形体不同轴测图立体效果的比较，显然，形体正二测图的立体效果比正等测图好。

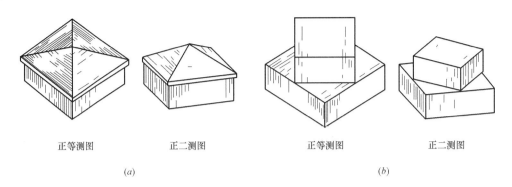

正等测图   正二测图   正等测图   正二测图

(a)   (b)

图 6-14　同一形体不同轴测图立体效果的比较

6.4.3　作图简便

作图简便也是轴测图类型选择的一个标准。斜轴测图、正等测图，可以直接利用三角板和圆规进行作图，方法简便，是常用的轴测类型。一般来说，对于曲线多形状复杂的形体，常用斜轴测，而方正平直的形体常用正轴测。但对于有一个面形状复杂或圆弧较多的形体，采用平行于该面的平面为轴测投影面作其斜轴测图，可以直接利用其反映实形的正投影进行作图，而使作图简便。

图 6-15 所示的不规则零件，画其水平斜轴测图比较简便，图 6-16 所示的圆形零件，画其正面斜轴测图比较简便。

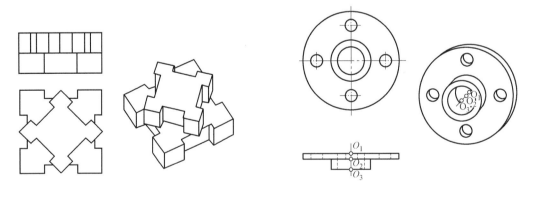

图 6-15　用水平斜轴测画不规则零件   图 6-16　用正面斜轴测画圆形零件

通过以上几种轴测图表达效果和作图繁简的比较，按人的视觉效果来衡量，一般是正轴测图优于斜轴测图，而正二测图又优于正等测图。但由于正二测图的轴测轴不能直接画出，且对于圆形作图很繁琐，因而使用较少。因此，选择轴测图类型时一般优先考虑采用正等测和斜轴测。当然，轴测图类型的选择并不是绝对的，要注意针对不同形体的形状特点，综合考虑上述三条基本原则。

复习思考题

1. 什么是轴测投影？轴测投影有哪些特性？
2. 轴测投影图与正投影图有什么不同？
3. 轴测投影是如何分类的？正轴测投影与斜轴测投影的区别在哪里？
4. 常用的轴测图类型有哪些？其轴测轴方向和轴向变形系数分别是什么？
5. 试述轴测投影作图的基本方法。
6. 简要说明轴测图类型选择的基本原则和方法。

第7章 建筑形体的表达方法

前面介绍了用正投影原理绘制三面投影图表达物体的方法，工程上常把表达形体的投影图称为视图。在建筑工程图样中，仅用三视图有时难以将复杂物体的外部形状和内部结构简便、清晰地表示出来。为此，制图标准规定了多种表达方法，绘图时可根据具体情况适当选用。

7.1 视图

7.1.1 基本视图

在原有三个投影面 V、H、W 的对面再增设三个分别与它们平行的投影面 V_1、H_1、W_1，可得到六面投影体系，这样的六个投影面称为基本投影面，六个投影面的展开方法如图 7-1 所示。

建筑形体的视图，按正投影法并用第一角画法绘制。投影时将形体放置在基本投影面之中，按观察者——形体——投影面的关系，从形体的前、后、左、右、上、下六个方向，向六个投影面投影，如图 7-2（a）所示，所得的视图分别称为：

正立面图——由前向后（A 向）作投影所得的视图；

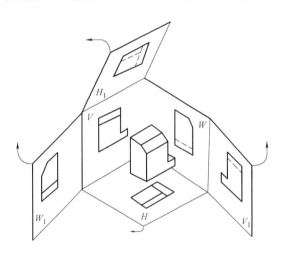

图 7-1 六个投影面的展开

平面图——由上向下（B 向）作投影所得的视图；

左侧立面图——由左向右（C 向）作投影所得的视图；

右侧立面图——由右向左（D 向）作投影所得的视图；

底面图——由下向上（E 向）作投影所得的视图；

背立面图——由后向前（F 向）作投影所得的视图。

以上六个视图称为基本视图。

如在同一张图纸上绘制若干个视图时，各视图的位置宜按图 7-2（b）所示的顺序进行配置。画图时，可根据物体的形状和结构特点，选用其中必要的几个基本视图。

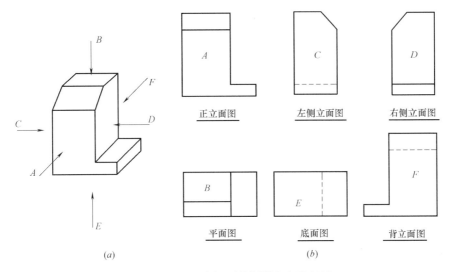

图 7-2　六个基本视图的投影方向及配置

7.1.2　辅助视图

1. 局部视图

　　如图 7-3 所示的形体，有了正立面图和平面图，物体形状的大部分已表示清楚，这时可不画出整个物体的侧立面图，只需画出没有表示清楚的那一部分。这种只将形体某一部分向基本投影面投影所得的视图称为局部视图。

　　画局部视图时，要用带有大写字母的箭头指明投影部位和投影方向，并在相应的局部视图下方注上同样的大写字母，如"A"、"B"作为图名。

　　局部视图一般按投影关系配置，如图 7-3 中的 A 向视图。必要时也可配置在其他适当位置，如图 7-3 中的 B 向视图。

　　局部视图的范围应以视图轮廓线和波浪线的组合表示，如图 7-3 中的 A 向视图；当所表示的局部结构形状完整，且轮廓线成封闭时，波浪线可省略，如图 7-3 中的 B 向视图。

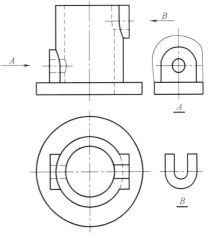

图 7-3　局部视图

2. 展开视图

　　有些形体的各个面之间不全是互相垂直的，某些面与基本投影面平行，而另一些面则与基本投影面成一个倾斜的角度。与基本投影面平行的面，可以画出反映实形的投影图，而与基本投影面倾斜的面则不能画出反映实形的投影图。为了同时表达出倾斜面的形状和大小，可假想将倾斜部分展至（旋转到）与某一选定的基本投影面平行后，再向该投影面作投影，这种经展开后向基本投影面投影所得到的视图称为展开视图，又称旋转视图。

59

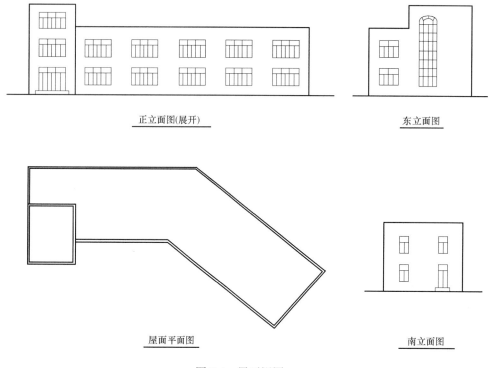

正立面图(展开)   东立面图

屋面平面图   南立面图

图 7-4 展开视图

如图 7-4 所示房屋，中间部分的墙面平行于正立投影面，在正面上反映实形，而右侧面与正立投影面倾斜，其投影图不反映实形，为此，可假想将右侧墙面展至和中间墙面在同一平面上，这时再向正立投影面投影，则可以反映右侧墙面的实形。

展开视图可以省略标注旋转方向及字母，但应在图名后加注"展开"字样。

3. 镜像视图

当视图用第一角画法所绘制的图样虚线较多，不易表达清楚某些工程构造的真实情况时，对于这类图样可用镜像投影法绘制，但应在图名后注写"镜像"两字。

如图 7-5（a）所示，把镜面放在物体的下方，代替水平投影面，在镜面中反射得到的图像，称为镜像投影图。该镜像投影图的图面要写成"平面图（镜像）"，如图 7-5（b）所示。也可以按图 7-5（c）所示，画出镜像投影识别符号。

在室内设计中，镜像投影常用来反映室内顶棚的装修、灯具，或古代建筑中殿堂室内房顶上藻井（图案花纹）等的构造情况。

7.1.3 第三角画法简介

如图 7-6 所示，互相垂直的 V、H、W 三个投影面向空间延伸后，将空间划分成八个部分，每一部分称为一个"分角"，共计八个分角。在 V 面之前 H 面之上 W 面之左的空间为第一分角；在 V 面之后 H 面之上 W 面之左的空间为第二分角；在 V 面之后 H 面之下 W 面之左的空间为第二分角；其余依此类推。

通常把形体放在第一分角进行正投影，所得的投影图称为第一角投影。国家制图标准

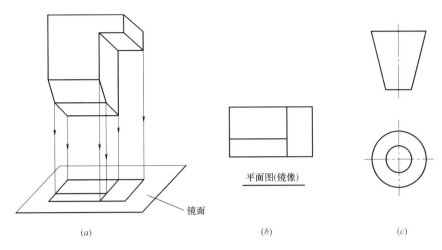

(a)	(b) 平面图(镜像)	(c)

图 7-5　镜像视图

规定，我国的工程图样均采用第一角画法，但欧美一些国家以及日本等则采用第三角画法，即将形体放置在第三分角进行正投影。我国已加入WTO，国际技术合作与交流将不断增加，有必要对第三角画法作简单介绍。

　　如图 7-7（a）所示，将形体放在第三分角内进行投影，这时投影面处于观察者和形体之间，假定投影面是透明的，投影过程为观察者投影面——形体，就像隔着玻璃看形体一样。展开第三角投影图时，V 面不动，H 面向上旋转 $90°$，W 面向前旋转 $90°$，视图的配置如图 7-7（b）所示。

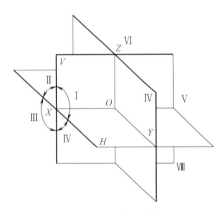

图 7-6　八个分角的形成

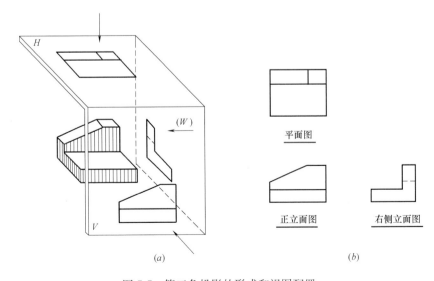

(a)　　　　　　　　　　(b)

图 7-7　第三角投影的形成和视图配置

第一角和第三角投影都采用正投影法，所以它们有共性，即投影的"三等"对应关系对两者都完全适用。第三角画法在读图时，注意平面图和右侧立面图轮廓线的内边（靠近投影轴的边）代表形体的前面，轮廓线的外边（远离投影轴的边）代表形体的后面，与第一角投影正好相反，如图7-7（b）所示。

国际标准ISO规定，在表达形体时，第一分角和第三分角投影法同等有效。我国一般不采用第三角画法，只有在涉外工程中才使用第三角画法。

7.2 剖面图与断面图

在形体的投影图中，不可见部分应采用虚线表示。那么，对于内部形状较为复杂的形体，其投影图中就会出现较多的虚线，这些虚线和实线纵横交错，有的甚至相互重叠，造成读图困难。因此，工程制图常采用一种假想的剖切方式，画出形体的剖面图和断面图来表达形体的内部情况。

7.2.1 剖面图

1. 剖面图的形成

图7-8为一钢筋混凝土杯形基础的三面投影，图中的虚线是基础中间杯口部分的轮廓。

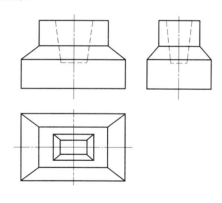

图7-8 杯形基础的三面投影

如果用一个平面P沿前后方向从中间将基础剖开，如图7-9（a）所示，移去前面部分和剖切平面，对剩余部分进行投影，原先基础中间不可见的杯口部分就暴露出来成为了可见部分，相应的投影图中的虚线就可以用实线来表示，而这个投影图就成了如图7-9（b）所示的剖面图。

因此，剖面图就是假想用剖切平面在形体的适当部位将形体剖开，移去观察点与剖切平面之间的部分，对剩余部分进行投影所得到的投影图。

2. 剖面图的类型

剖面图按采用的剖切方式不同，分为全剖面图、半剖面图、局部剖面图和阶梯剖面图等类型。

（1）全剖面图

假想用一个剖切平面将形体完全剖开后所画出的剖面图，称为全剖面图。图7-9（b）中的1-1剖面图就是全剖面图。图7-10为双柱杯形基础的全剖面图。

全剖面图在房屋的施工图中应用较多，如房屋的各层平面图、建筑剖面图等。全剖面图适用于不对称，或外形比较简单而内部比较复杂的形体。

（2）半剖面图

当形体内、外形状对称，且均需要表达时，可以以形体的对称中心线为分界线，对形体进行半剖切，用图样的一半表达形体外貌，另一半表达形体的内部构造，这种图样称为

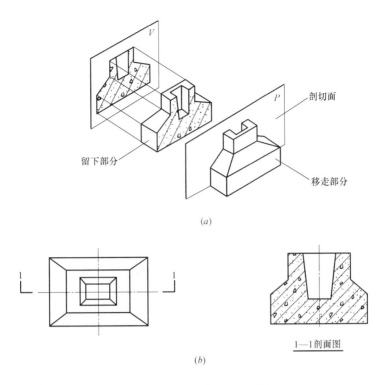

图 7-9 杯形基础剖面图的形成

（a）剖面图的形成；（b）剖面图

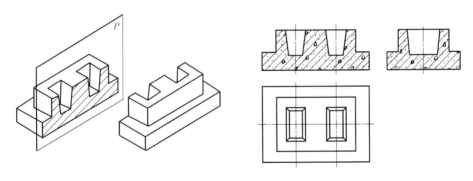

图 7-10 双柱杯形基础的全剖面图

半剖面图。如图 7-11 所示的杯形基础的半剖面图。

在半剖面图中，剖面图应画在垂直对称线的右侧或水平对称线的下侧。除为标注尺寸和表达构造需要外，半剖面图一般不画虚线。

（3）局部剖面图

当形体在主要表达其外部形状的同时，仅需要表达某一局部的内部形状或构造时，可采用局部剖切的方式，把其投影图的局部画成剖面图，这种剖面图称为局部剖面图。局部剖面图既能表达形体的外貌，又能表达形体的内部构造，可以在一个图样中起到两种表达效果。在图 7-12 所示的杯形基础的局部剖面图中，既可以看到基础的外形，又可以看到基底的配筋情况。

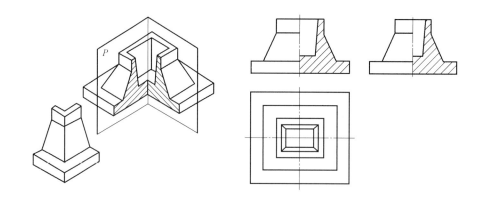

图 7-11　杯形基础的半剖面图

局部剖面图用波浪线表示形体未剖到部分与剖到部分的分界线。波浪线不得超出图形轮廓线，在孔洞处要断开，且局部剖切的范围不宜过大，不能影响形体的外形表达。

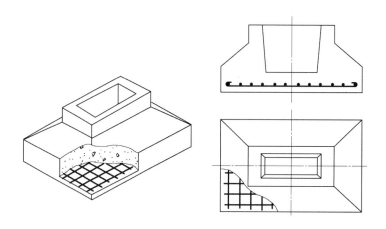

图 7-12　杯形基础的局部剖面图

（4）阶梯剖面图阶

当形体内部的不同位置存在多处构造，且这些内部构造用一个剖切平面剖切时，又不能同时被剖到，如果要表达所有的内部构造，就得进行多次剖切，画多个剖面图。如果将剖切平面转折成两个或两个以上相互平行的平面，同时通过各内部构造剖开形体，这样就能用一个剖面图同时表达形体内部不同位置存在的多处构造。这样画出的剖面图称为阶梯剖面图，如图 7-13 所示。

阶梯剖面图能在一个剖面图中，同时表达形体多处不在同一位置的内部构造。但要注意的是，由于剖切是假想的，剖切平面转折处的转折线，不应在阶梯剖面图中画出。

（5）旋转剖面图

用两个相交的剖切平面（交线垂直于基本投影面）剖开物体，把两个平面剖切得到的图形，旋转到与投影面平行的位置，然后再进行投影，这样得到的剖面图称为旋转剖面图。

在绘制旋转剖面图时，常选其中一个剖切平面平行于投影面，另一个剖切平面必定与

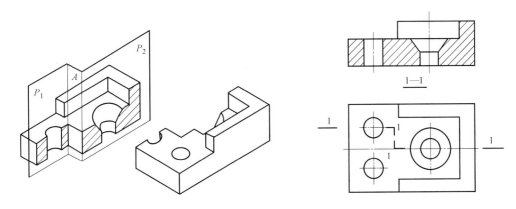

图 7-13　形体的阶梯剖面图

这个投影面倾斜，将倾斜于投影面的剖切平面整体绕剖切平面的交线（投影面垂直线）旋转到平行于投影面的位置，然后再向该投影面作投影。如图 7-14 所示的检查井，其两个水管的轴线是斜交的，为了表示检查井和两个水管的内部结构，采用了相交于检查井轴线的正平面和铅垂面作为剖切面，沿两个水管的轴线把检查井切开；再将右边铅垂剖切平面剖到的投影（断面及其相联系的部分），绕检查井铅垂轴线旋转到正平面位置，并与右侧用正平面剖切得到的图形一起向 V 面投影，便得到 1—1 旋转剖面图。而 2—2 剖面图是通过检查井上、下水管轴线作两个水平剖切平面而得到的阶梯剖面图。

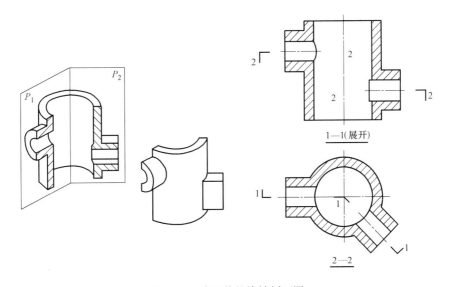

图 7-14　检查井的旋转剖面图

旋转剖面图的标注与阶梯剖面图相同。制图国标规定，旋转剖面图应在图名后加注"展开"字样。

绘制旋转剖面图时也应注意：在断面上不应画出两相交剖切平面的交线。

3. 剖面图的画法

画剖面图，要按照《房屋建筑制图统一标准》的规定，正确使用线型和图例，并进行必要的标注。

（1）剖面图的线型

剖面图除应画出被剖切平面剖到部分的投影外，还应画出未被剖到但沿投影方向可见部分的投影。为了区别断面与非断面，剖到部分的形体轮廓线用粗实线绘制，未剖到但沿投影方向可见部分的轮廓线用中实线绘制，沿投影方向不可见部分的轮廓线一般略去，不画虚线。

（2）剖面图的图例

在剖面图的断面上，还要画出材料图例，以表明形体的构造材料并进一步区分断面与非断面。常用建筑材料的图例，按制图标准规定的画法表示。

对于不需要指明所用材料的剖面图，其断面要用等间距、同方向的 45°细斜线即剖面线表示。两个相同的图例相接时，图例线宜错开或使其倾斜方向相反。对于断面狭窄（如混凝土构件、金属件等）的剖面图，画材料图例有困难时，可将断面涂黑表示。相邻涂黑断面之间应留有空隙，其宽度不得小于 0.7mm。

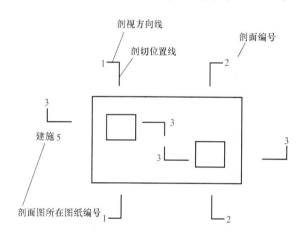

图 7-15　剖面图的标注

（3）剖面图的标注

剖面图通过剖切符号来进行标注，如图 7-15 所示。为方便识图，在形体投影图的有关位置要标出所画剖面图的剖切位置、剖视方向和剖面编号。因此，剖切符号由剖切位置线、剖视方向线和剖面编号三部分组成。剖切位置线表明剖面图的剖切位置，它实际上是剖切平面的积聚投影，为了不穿越图形线，标准规定用断开的两条长 6～10mm 的粗短划表示。剖视方向线表示剖切后的投影方向，用长 4～6mm 的粗短划与剖切位置线的

两端垂直相接表示，其所在一侧表示投影方向；剖面编号是水平注写在剖视方向线端部的阿拉伯数字，相应的剖面图就以此编号命名，注写在剖面图的下方。

剖面图标注时需要注意的其他几点事项：

（1）需要转折的剖切位置线，在转折处若与其他图线发生混淆，应在转角的外侧加注剖面编号，以方便识别。

（2）剖面图若与被剖切图样不在同一张图纸上时，可在剖切位置线的另一侧注明其所在图纸的编号，以方便查找。

（3）当剖切平面通过形体的对称平面，且剖面图又是画在基本投影图上时，可以不进行标注，如图 7-11 所示的半剖面图。

7.2.2　断面图

1. 断面图的形成

用一个假想的剖切平面剖开形体，仅画出剖切平面与形体接触部分即断面的图形，称为断面图，如图 7-16 所示钢筋混凝土牛腿柱的断面图。

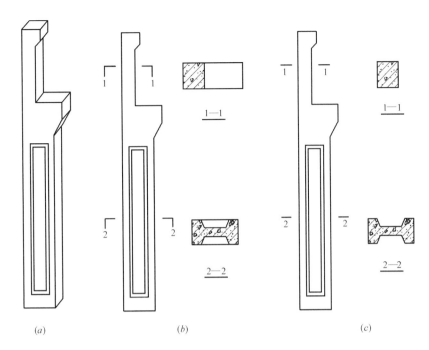

图 7-16 钢筋混凝土牛腿柱的剖面图与断面图
(*a*) 立体图；(*b*) 剖面图；(*c*) 断面图

从图 7-16 可以看到，在同一剖切位置处，断面图包含在剖面图之中，是剖面的一部分，主要用于表达形体实体部分的形状和材料。

断面图用粗实线表示剖到部分的形体轮廓线，断面上画材料图例或图例线。断面图的剖切符号只画剖切位置线，不画剖视方向线，而用剖面编号的注写位置表示投影方向。

2. 断面图的种类

断面图按绘制位置不同，分为三种：

（1）移出断面图

位于投影图之外的断面图，称为移出断面图。移出断面图一般采用大于投影图的比例画在投影图四周，并通过相关标注表明其对应关系。图 7-16 所示的钢筋混凝土牛腿柱断面图即为移出断面图。

图 7-17 所示为鱼腹式钢筋混凝土吊车梁的移出断面图。

（2）重合断面图

重叠在投影图之内的断面图，称为重合断面图。图 7-18 所示的屋顶重合断面图，表达了屋顶的形状，图 7-19 所示的外墙立面装饰重合断面图，表示了外墙装修立面的凹凸变化形式。重合断面图不需要任何标注。

（3）中断断面图

画在投影图假想的中断处的断面图，称为中断断面图。中断断面图适用于表达轴线较长且只有单一截面的形体，如图 7-20 所示。

重合断面图和中断断面图均不需要任何标注，其绘制比例应与投影图一致，并注意保持对应关系清楚。

67

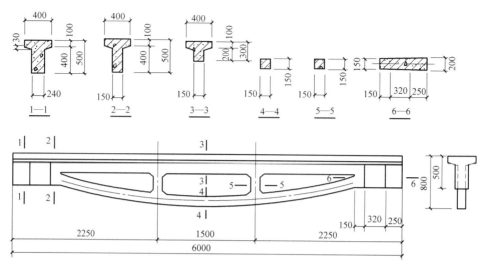

图 7-17　鱼腹式吊车梁的移出断面图

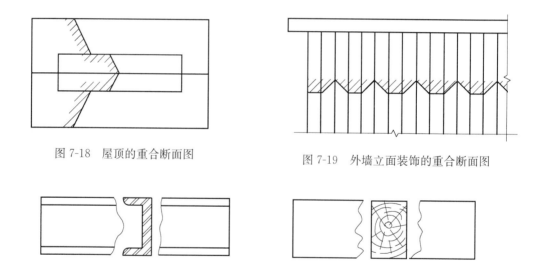

图 7-18　屋顶的重合断面图　　　　图 7-19　外墙立面装饰的重合断面图

图 7-20　槽钢和方木的中断断面图

7.3　简化画法

为了减少绘图工作量，按国标规定图样可以采用下列简化画法。

7.3.1　对称图形的简化画法

如果图形具有对称性，可只画该图形的一半或四分之一，并画出对称符号，如图7-21所示。对称符号是用细实线绘制的两条平行线，其长度为 6～10mm，平行线间距 2～3mm，画在对称线的两端，且平行线在对称线两侧的长度相等。

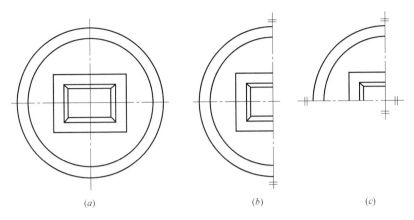

(a)   (b)   (c)

图 7-21　画出对称符号的对称图形

图 7-22 所示为不宜画出对称符号的对称图形。

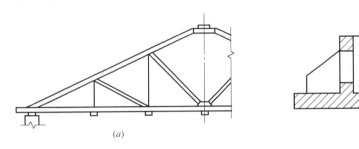

(a)   (b)

图 7-22　不宜画出对称符号的对称图形

对称的图形需要画剖面图时，也可以用对称符号为界，一边画外形图，一边画剖面图。这时需要加对称符号，如图 7-23 所示。

7.3.2　相同要素的省略画法

如果物体上具有多个完全相同而且连续排列的构造要素，可仅在两端或适当位置画出其完整形状，其余部分以中心线或中心线交点表示，如图 7-24（a）、（b）、（c）所示。如果相同构造要素数量少于中心线交点数，则其余相同构造要素位置用小圆点表示，如图 7-24（d）所示。

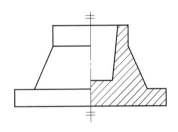

图 7-23　视图与剖面
图各半的对称图形

7.3.3　折断简化画法

对于较长的构件，如果沿长度方向的形状相同或按一定规律变化，可断开省略绘制，只画构件的两端，而将中间折断部分省略不画。在断开处，应以折断线表示。其尺寸应按折断前原长度标注，如图 7-25 所示。

7.3.4　局部省略画法

一个形体如果与另一个形体仅有部分不相同，该形体可只画出不同的部分，但应在两

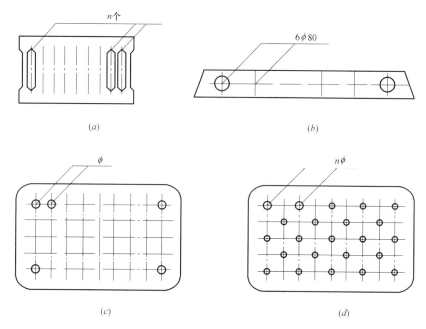

图 7-24　相同要素的省略画法

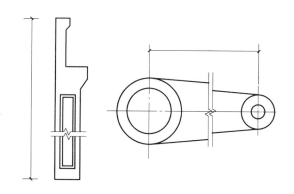

图 7-25　较长构件的折断简化画法

个形体的相同部分与不同部分的分界处，分别绘制连接符号，两个连接符号应对准在同一线上，如图 7-26 所示。

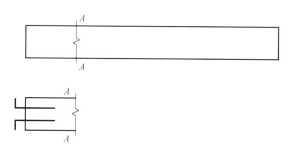

图 7-26　构件局部不同的简化画法

复习思考题

1. 基本视图包括哪些?
2. 辅助视图包括哪些?
3. 什么是剖面图?它有什么作用?
4. 剖面图有哪几种类型?它们各适用于何种情况?
5. 怎样画形体的剖面图?
6. 什么是断面图?它和剖面图有什么区别?
7. 断面图有几种类型?它们各有什么特点?
8. 视图中有哪些简化画法?

第8章 房屋建筑施工图

房屋建筑施工图是根据房屋使用功能的要求，进行平面布置、立面处理和建筑构造设计而绘制的图样。它表达了房屋建筑设计的内容，主要包括房屋的外部形状、内部布置、细部构造及装修做法等情况。建筑施工图包括建筑总平面图、建筑平面图、建筑立面图、建筑剖面图和建筑详图等图样。

8.1 概述

房屋施工图是表达房屋建筑构造、结构形式及设备安装的尺寸大小、材料种类、构造方法和施工要求的图样，是建筑工程设计的结果和表现形式。识读房屋施工图，一方面要熟悉房屋的构造组成和房屋施工图常用的符号，另一方面也要了解房屋施工图的产生、分类及编排情况。

8.1.1 房屋的构造组成

房屋一般由基础、墙和柱、楼板层和地坪层、楼梯、屋顶、门窗等部分组成，如图8-1所示。

1. 基础

基础是房屋底部与地基接触的承重结构，它的作用是把房屋上部的荷载传给地基。因此，基础必须坚固、稳定而可靠。

2. 墙或柱

墙是房屋的竖向承重构件和围护构件。作为承重构件，承受着建筑物由屋顶或楼板层传来的荷载，并将这些荷载再传给基础；作为围护构件，外墙起着抵御自然界各种因素对室内的侵袭作用；内墙起着分隔空间、组成房间、隔声、遮挡视线以及保证室内环境舒适的作用。为此，要求墙体具有足够的强度、稳定性、保温、隔热、隔声、防火、防水等能力。柱是框架或排架结构的主要承重构件，和承重墙一样承受屋顶和楼板层及吊车传来的荷载，它必须具有足够的强度和刚度。墙与柱属于竖向构件。

3. 楼板层和地坪层

楼板层是房屋水平方向的承重和分隔构件。它支承人和家具设备的荷载，并将这些荷载传递给墙或柱，它应有足够的强度、刚度及隔声、防火、防水、防潮等性能。地坪层是指房底层的地面层，地坪层应具有均匀传力、防潮、坚固、耐磨、易清洁等性能。

4. 楼梯

楼梯是房屋的垂直交通通道，作为人们上下楼层和发生紧急事故时疏散人流之用。楼梯应有足够的通行能力，并做到坚固和安全。

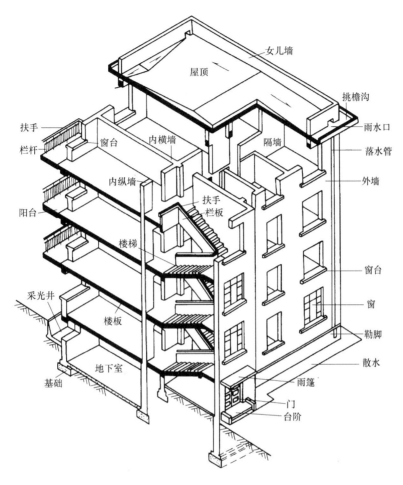

图 8-1　房屋的构造组成

5. 屋顶

屋顶是房屋顶部的围护构件，抵抗风、雨、雪的侵袭和太阳辐射热的影响。屋顶又是房屋的承重结构，承受风、雪和施工期间的各种荷载。屋顶应坚固耐久，不渗漏水和保暖隔热。

6. 门窗

门主要用来通行人流，窗主要用来采光和通风。处于外墙上的门窗又是围护构件的一部分。应考虑防水和热工要求。

除上述六部分以外，还有一些附属部分，如阳台、雨篷、台阶、烟囱等。组成房屋的各部分，分别起着不同的作用，但归纳起来有两大类，即承重结构和围护构件。墙、柱、基础、楼板、屋顶等属于承重结构。屋顶、门窗等，属围护构件。有些部分既是承重结构也是围护结构，如墙和屋顶。在设计工作中还把建筑的各组成部分划分为建筑构件和建筑配件。建筑构件主要指墙、柱、梁、楼板、屋架等承重结构；而建筑配件则是指屋面、地面、墙面、门窗、栏杆、花格，细部装修等。

8.1.2 房屋施工图的产生与分类

1. 房屋施工图的设计程序

房屋施工图，是由设计单位根据设计任务书的要求和建设单位上级主管部门、城建规划部门的批件精神，按一定程序进行设计绘制而成的。房屋建筑的设计过程一般分为两个阶段，而规模较大、技术复杂、设计要求较高的项目，可分为三个阶段。

（1）初步设计

初步设计是指对已批准的建设项目设计任务书，进行概略的计算和作出初步的规定，包括简略绘制总平面图、房屋的平、立、剖面图，编制主要的技术经济指标和设计概算。必要时，还要绘出房屋的透视图，或做出小比例模型，以满足方案比选、设备订货、征用土地和控制投资的需要。

初步设计绘制的图样比例较小，一般为 1：200～1：400，表达的内容也比较简略，仅供研究方案和上级审批之用，而不能作为施工依据。初步设计图也称为方案图。图 8-2 所示为某学校学生宿舍方案图。

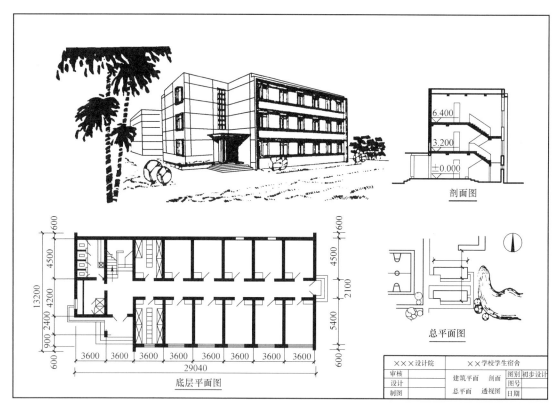

图 8-2 初步设计图示例

（2）技术设计

对于规模较大、技术复杂、设计要求较高的工程，在初步设计的基础上，还要进行技术设计，以初步统一协调建筑、结构、设备等各工种间的主要技术问题，为下一步的施工图设计提供更为详细的资料。

技术设计又称为扩大初步设计，一般工程项目可不进行此设计阶段。

（3）施工图设计

施工图设计是指为满足房屋施工的各项技术要求，综合协调建筑、结构、设备等技术问题，以提供切实可靠的施工依据，而对初步设计文件的具体化。其主要内容，是通过精确的计算和绘图，编制出建筑、结构、设备等各工种的计算书、设计图、施工说明和施工图预算等一整套工程建设文件。

施工图设计的深度，应能满足编制施工图预算和组织施工生产的需要。

2. 房屋施工图的种类

房屋施工图由于设计专业分工的不同，可分为建筑施工图、结构施工图和设备施工图三类。

（1）建筑施工图（简称建施）

建筑施工图主要表示房屋建筑设计的内容，是根据房屋使用功能的要求，进行平面布置、立面处理和建筑构造设计而绘制的图样，主要表达房屋的外部造型、内部布置、细部构造、装饰装修和施工要求等情况。

建筑施工图包括：总平面图、建筑平面图、建筑立面图、建筑剖面图、建筑详图等。建筑施工图应在图纸标题栏内注写建施××号，以方便查阅。

（2）结构施工图（简称结施）

结构施工图主要表示房屋结构设计的内容，是根据房屋使用安全的要求，进行力学计算、结构选型、选材而绘制的图样，主要表达房屋承重构件的布置和构造情况等。

结构施工图主要包括：结构平面布置图、各种构件详图等。结构施工图应在图纸标题栏内注写结施××号。

3. 设备施工图

设备施工图是表达房屋各种设备、管线布置及安装要求的图样。它按照专业工种的不同，分为给排水施工图（简称水施）、供暖通风施工图（简称暖施）、电气照明施工图（简称电施）等多种专业设备施工图。并应在图纸标题栏内分别相应注写水施××号、暖施××号或电施××号等。

设备施工图一般由平面布置图、系统（轴测）图、构造或安装详图组成。

8.1.3 房屋施工图常用符号

《房屋建筑制图统一标准》还规定了许多绘制房屋施工图常用的符号和图例，为方便识图，要熟悉这些常用符号和图例的表达方式和含义。

1. 标高

标高是标注建筑物高度的一种尺寸形式，用于表示房屋各部分或各部位的竖向高度。标高符号为细实线绘制的等腰直角三角形，其画法、大小及有关规定如图 8-3 所示。注写标高数字的水平线长度以满足注写为宜，符号尖端的指向指到被注高度所在的平面上，可向上也可向下。位置狭小的可采用图示方法进行标注。总平面图上室外标高的符号，用涂黑的三角形表示。

标高数字以米为单位，注写到小数点后第三位，总平面图中的标高注写到小数点后第二位，数字后面不需注写单位。零点标高的注写形式为±0.000；负数标高需在数字前加

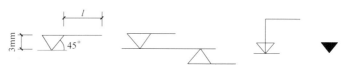

图 8-3 标高符号的画法

"一"号；正数标高在数字前不加"＋"号。

同一图纸上的标高符号应大小相等、排列整齐。若在图样的同一位置，需要同时表达几个不同的标高，这多个标高数字可按图 8-4 所示同时注写在一个标高符号上。

图 8-4 标高数字的注写

标高按起算基准面不同，分为绝对标高和相对标高两种。绝对标高也称"海拔"，即高出平均海平面的垂直高度。我国规定以青岛附近某处的黄海平均海平面作为标高的起算基准面（即零点标高±0.00），其他各地以此为基准而得到的高度数值，称为绝对标高。

相对标高是标高的起算基准面根据工程需要自行选定而引出的标高。在房屋建筑工程中，一般习惯于把建筑物室内底层主要地面作为标高的起算基准面（即零点标高±0.000），并以此为基准，引出房屋其他各部位的高度数值，这些标高就是相对标高。显然，采用相对标高可以简化标高数字，且容易得出建筑物中各部分的高差尺寸，如层高尺寸等。因此，在建筑工程中，除总平面图采用绝对标高外，其他图样均采用相对标高来表示竖向高度的尺寸。在总平面图中，一般要标明相对标高和绝对标高的关系。

2. 定位轴线及编号

定位轴线是房屋施工图中确定建筑结构、构件平面布置及标注尺寸的基线，是设计和施工过程中定位、放线的重要依据。凡是承重墙、柱子、大梁、屋架等主要承重构件，均应画上轴线以确定其位置；对于次要的墙、柱等承重构件，则要用增设的附加轴线确定它们的位置；不承重的分隔墙和构配件，一般不设轴线，可用注明其与附近轴线的相对尺寸来确定它们的位置。通常，以构件中心线做定位轴线。图 8-5 为一房屋建筑平面图的定位轴线布置。

定位轴线用细单点长画线表示，轴线末端用细实线画圆，直径为 8mm（详图上直径可增大为 10mm），圆心应在轴线延长线上。圆内注写轴线编号。

平面图上的定位轴线编号，一般标注在图样的下方和左侧，横向编号采用阿拉伯数字从左至右顺序编写，竖向编号采用大写拉丁字母从下至上顺序编写。注意拉丁字母中的I、O、Z 不能作为轴线编号，以免与阿拉伯数码 1、0、2 混淆。

附加轴线的编号，以分数形式表示。对于两根轴线之间的附加轴线，应以分母表示前一轴线的编号，分子用阿拉伯数字表示附加轴线的编号。

3. 索引符号与详图符号

图样中的某一局部或构件，如需另见详图，应以索引符号注明详图所在位置。索引符号由直径 10mm 的圆和水平直径组成，并以细实线绘制，如图 8-6 所示。

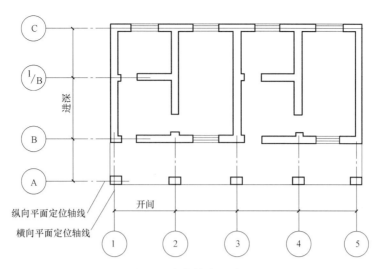

图 8-5 定位轴线及编号

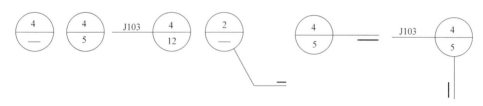

图 8-6 索引符号

索引出的详图,如与被索引的图样同在一张图纸上,应在索引符号的上半圆中用阿拉伯数字注明该详图的编号,并在下半圆中间画一段水平细实线;若索引出的详图与被索引的图样不在同一张图纸上,则在索引符号的下半圆中注明该详图所在图纸的编号;索引出的详图,如采用标准图,应在索引符号水平直径的延长线上加注该标准图册的编号。

索引符号如用于索引剖面详图,应在被剖切的部位绘制剖切位置线,并在剖切位置线的一侧以引出线引出索引符号,引出线所在的一侧应为投影方向。

详图的位置和编号,应以详图符号表示。详图符号如图 8-7 所示,用直径 14mm 的粗实线圆表示。

详图与被索引图样同在一张图纸内时,应在详图符号内用阿拉伯数字注明详图的编号;详图与被索引图样不在同一张图纸内时,应用细实线在详图符号内画一水平直径,在上半圆中注明详图编号,下半圆中注明被索引图纸的编号。

图 8-7 详图符号

4. 引出线

房屋施工图采用引出线来标注文字说明或详图索引符号。引出线用细实线绘制,常用水平方向的直线或与水平方向呈 30°、45°、60°、90°的直线,或经上述角度再折为水平的折线表示,如图 8-8 所示。文字说明注写在引出线的上方或端部。详图索引符号的引出线对准索引符号的圆心。同时引出几个相同部分的引出线,可画成相互平行或集汇于一点的放射形引出线。

图 8-8 引出线的形式

在房屋建筑中，屋顶、楼地面、墙体等部位都是多层材料、多层做法的构造。对这种多层构造加以说明的引出线，一端要通过被引出的各层，另一端按需要说明的构造层数画水平横线，其上方或端部注写文字说明，顺序由上而下，与被说明的层次一致，横向排列层次的说明顺序为由左至右，如图 8-9 所示。

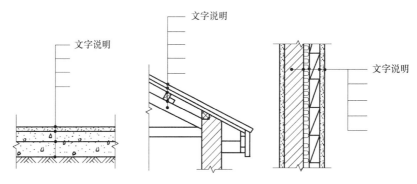

图 8-9　多层构造的标注

5. 风向频率玫瑰图和指北针

在总平面图中，常用风向频率玫瑰图和指北针来表示该地区的常年风向频率和建筑物的朝向。风向频率玫瑰图和指北针，如图 8-10 所示。

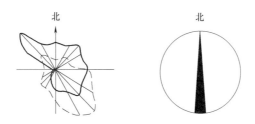

图 8-10　风玫瑰和指北针

风玫瑰图是根据该地区多年统计的各个方向的常年刮风次数占刮风总次数的百分比绘制的。图中实线表示的是该地区全年的风向频率，虚线表示的是夏季的风向频率。

指北针外圆直径为 24mm，用细实线绘制，指针涂成黑色，尾部宽度为直径的 1/8，约 3mm，针尖指向北方，端部注写"北"或"N"字。

6. 图例

房屋建筑一般是按照一定的比例缩小画在图纸上的，其中的一些细部往往不能表达清楚，并且房屋建筑的材料、构配件和设备繁多，为作图简便，国家标准规定用一些固定的简明图形符号，即图例来表示这些内容。

表 8-1 所示是常用建筑材料图例，其他有关建筑构配件、建筑设备图例将在后面各相关章节中介绍。

常用建筑材料图例 **表 8-1**

材料名称	图例	说明
自然土壤	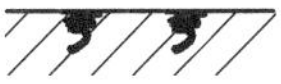	包括各种自然土壤
夯实土壤	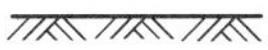	
砂、灰土	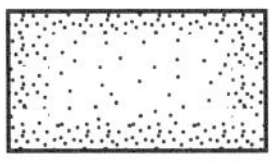	靠近轮廓线点较密的点
砂砾石、碎砖、三合土	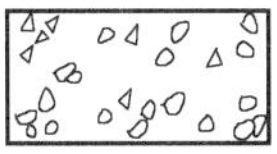	
天然石材	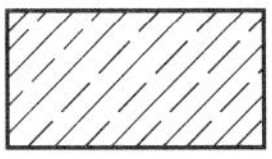	包括岩层、砌体、铺地、贴面等材料
毛石	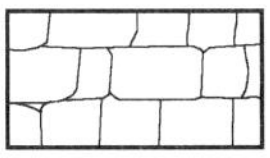	
普通砖	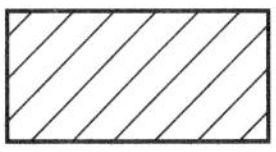	1. 包括砌体、砌块 2. 断面较窄，不易画出图例线时，可涂红
混凝土	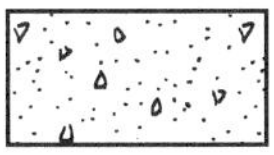	1. 本图例仅适用于能承重的混凝土及钢筋混凝土 2. 包括各种强度等级、骨料、添加剂的混凝土 3. 在剖面图上画出钢筋时，不画图例线 4. 断面较窄，不易画出图例线时，可涂黑
钢筋混凝土	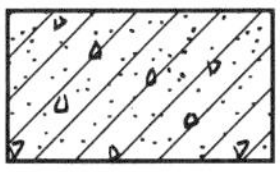	
多孔材料	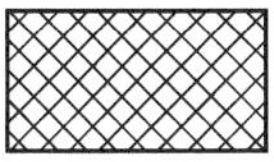	包括水泥珍珠岩、沥青珍珠岩、泡沫混凝土、非承重加气混凝土、泡沫塑料、软木等
木材	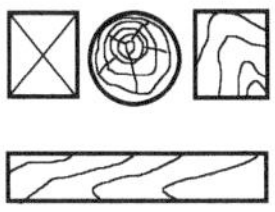	1. 上图为横断面，左上图为垫木、木砖、木龙骨 2. 下图为纵断面
金属	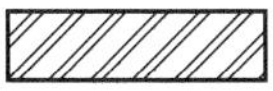	1. 包括各种金属 2. 图形小时，可涂黑

8.1.4 房屋施工图的编排

一套房屋施工图的数量，少则几张几十张，多则上百张几百张。为方便查阅，对这些图纸应按一定次序进行编排。

房屋施工图是按照专业顺序进行编排的，先建筑施工图、后结构施工图、再设备施工图，设备施工图一般按水施、暖施、电施……的顺序编排。并且，在全部施工图之前还要编入图纸目录、施工总说明等内容。表 8-2 为某某学校教师办公楼图纸目录表。

图纸目录表 表 8-2

×××建筑设计院 年 月 日	工程名称	×××学校	工程号	9205-4-21
	项目名称	教师办公楼	项目号	(××)共×页第×页

序号	图别	图号	图 纸 名 称	采用标准图 或重复使用图 名称	代号	图幅	备注
1	建施	1/11	图纸目录、材料做法表、总说明、施工说明				
2	建施	2/11	总平面图				
3	建施	3/11	一层平面图				
4	建施	4/11	二层平面图				
5	建施	5/11	三层平面图				
6	建施	6/11	正立面图、背立面图				
7	建施	7/11	侧立面图、剖面图、屋顶平面图、雨水管图				
8	建施	8/11	墙身剖面图				
9	建施	9/11	厕所详图				
10	建施	10/11	楼梯详图				
11	建施	11/11	门、窗详图				
12	结施	1/5	基础平面图、剖面图				
13	结施	2/5	二、三层楼板结构平面图				
14	结施	3/5	屋顶结构平面图				
15	结施	4/5	梁板结构详图				
16	结施	5/5	楼梯结构图				
17	水施	1/4	给排水外线图、排水管纵断面图				
18	水施	2/4	排水管道纵断面图				
19	水施	3/4	一层给水平面图				
20	水施	4/4	二、三层厕所放大图、给排水系统图				
21	暖施	1/5	一层暖气平面图				
22	暖施	2/5	二、三层暖气平面图				
23	暖施	3/5	暖气系统图				
24	暖施	4/5	暖气外线图				
25	暖施	5/5	暖气外线纵断面图				
26	电施	1/5	电照明系统图、施工说明				
27	电施	2/5	一层电照明平面图				
28	电施	3/5	二层电照明平面图				
29	电施	4/5	三层电照明平面图				
30	电施	5/5	照明电路外线图				

图纸目录用于表明该工程由哪些专业工种的图纸所组成,各工种图纸的名称、张数和图号顺序等,以方便查找。施工总说明主要用于说明工程概况、设计依据和施工要求等内容,包括建筑面积、工程造价;有关的地质、水文、气象资料;设计标准、荷载等级、抗震要求;主要施工技术,有关结构的材料使用及做法等。一般中小型工程的图纸目录及总说明常常编入建筑施工图之内,并排在其他建筑施工图之前,或与总图等一起共同形成建筑施工图的首页,称为首页图。

各专业施工图应按照图样的主次关系、逻辑关系有序排列，其编排的原则是，全局性的图纸在前、局部性的图纸在后；先施工的图纸在前、后施工的图纸在后。如基本图在前，详图在后；布置图在前，构件图在后等。

8.2 建筑总平面图

8.2.1 建筑总平面图的形成

建筑总平面图是将新建房屋及其附近一定范围内的建筑物、构筑物、室外场地、道路和绿化布置的总体情况，用水平投影的方法绘制而成的图样。建筑总平面图简称总平面图或总图，图 8-11 为某学校学生宿舍总平面图。

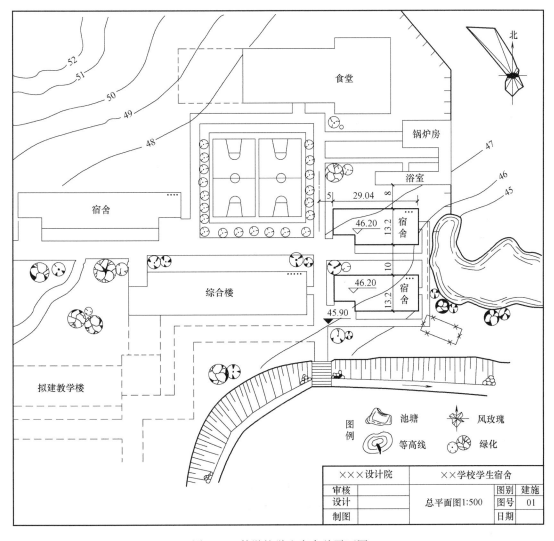

图 8-11　某学校学生宿舍总平面图

总平面图反映的范围比较大，一般用 1：500、1：1000、1：2000 等较小的比例绘制。由于图样的比例较小，许多物体不能按原状画出，而采用图例来表示。总平面图常用图例如表 8-3 所示。如所表达的内容在国家标准中没有规定的图例采用时，也可自行规定图例表示，但须在总平面图中适当位置加以说明。

总平面图常用图例　　　　　　　　　　　表 8-3

序号	名　称	图　例	备　注
1	新建建筑物	 8 ▲	1. 需要时，可用▲表示出入口，可在图形内右上角用点数或数字表示层数 2. 建筑物外形（一般以±0.00 高度处的外墙定位轴线或外墙面线为准）用粗实线表示，需要时，地面以上建筑用中粗实线表示，地面以下建筑用细虚线表示
2	原有建筑物		用细实线表示
3	计划扩建的预留地或建筑物		用中粗虚线表示
4	拆除的建筑物		用细实线表示
5	围墙及大门	 	上图为实体性质的围墙，下图为通透性质的围墙，若仅表示围墙时不画大门
6	坐标	X105.00 Y425.00 A105.00 B425.00	上图表示测量坐标 下图表示建筑坐标
7	室内标高	151.00(±0.00)	
8	室外标高	●143.00 ▼143.00	室外标高也可采用等高线表示

8.2.2　总平面图的主要内容

总平面图主要表明建筑区域的总体布局和新建房屋的位置及与周围地形、地物的关系，主要内容包括：

1. 建筑区域的总体情况

建筑区域的总体情况包括建筑用地范围、建筑区域的地形、地貌和新建房屋及原有建筑物、构筑物、道路、河流、绿化及各种工程管线的布置情况。

在城市建设中，建筑用地必须先由城建规划部门批准使用土地的地点，并用红线在地形图中圈出用地范围，并注明尺寸作为建筑区域的界线。建筑设计和施工均不能超出此界线。

对于地势变化较大的建筑区域，总平面图还应画出等高线来表示地面的高低起伏情况，为确定室内地坪标高和室外整平标高提供依据。

2. 新建房屋的位置，与周围原有建筑物或道路的关系

新建房屋的平面位置，一般可根据原有建筑物或道路来定位，并以米为单位在总平面图上标出定位尺寸。

当新建房屋附近无原有建筑物或道路为定位依据，或新建成片的建筑群或复杂的建筑物时，为确保定位放线的准确性，常在总平面图中画出坐标方格网，用坐标给出建筑物及道路转折点的位置。

3. 新建房屋的朝向、层数和室内外标高等

总平面图上画有指北针和风玫瑰图，用以指明房屋的朝向和该地区的常年风向频率。新建房屋轮廓线内右上角的小黑点数或数字表示房屋的层数。总平面图还应标注新建房屋底层室内地面和室外地坪的绝对标高。

总平面图是新建房屋施工定位、土方工程及其他专业（如给排水、电气等）工程管线布置和施工总平面布置的依据。

8.2.3 总平面图的识读

总平面图的识读包括如下步骤和内容：

1. 查阅图标，了解工程名称、质、图名、图号及绘图比例。

2. 了解建筑用地范围。

3. 了解建筑区域的地形地貌及周围环境情况。

4. 了解新建房屋的平面位置和定位依据。

5. 了解新建房屋的层数和室内外地面标高。

6. 了解新建房屋的朝向和该地区的主要风向。

7. 了解建筑区域道路交通和管线布置情况。

8. 了解建筑区域计划扩建或拆除房屋的具体位置和数量。

9. 了解建筑区域土方挖填平衡情况。

10. 了解建筑区域绿化、美化要求和布置情况。

下面以图 8-11 所示的某学校学生宿舍总平面图为例，说明总平面图的识读方法。

此图为某学校学生宿舍总平面图，绘图比例 1：500，是建筑施工图一号图。图中的等高线表明学校的地势从西北方向东南方逐步降低，原有建筑如综合楼、一栋 4 层宿舍楼、食堂和篮球场等均建在中部缓坡上。校园东南面有一道护坡，坡下设排水沟。

新建学生宿舍有两栋，平行排列于校园的东面，平面基本形状为矩形，其总长 29.04m，总宽 13.2m，都是 3 层楼房，室内外地面标高分别为 46.2m 和 45.9m。宿舍楼北面是浴室和锅炉房，西面是一条道路。新建宿舍的位置根据其北面浴室和西面道路确定，如北面宿舍的北墙距离浴室的南墙 8m，西墙距离道路中心线 5m，两栋宿舍的间距为 10m。宿舍楼东面有一道挡土墙，墙下是一个池塘，东南角还有一座准备拆除的房屋。

学校西南部还拟建一栋教学楼和若干道路，北面的食堂也计划扩建。

8.3　建筑平面图

8.3.1　建筑平面图的形成

　　建筑平面图是假想用一水平剖切平面把房屋沿窗台以上部分剖去，剖面以下部分的水平投影图，如图 8-12 所示。显然，建筑平面图实际上是房屋的水平剖面图，但按习惯不称为剖面图，而称为平面图。

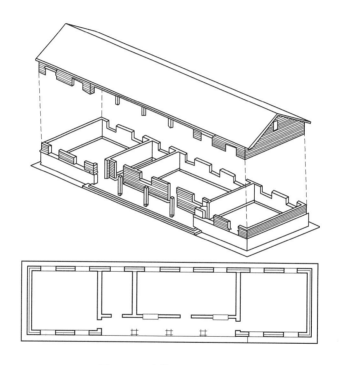

图 8-12　建筑平面图的形成

　　建筑平面图是表达建筑物的基本图样之一。对于多层建筑，其各层均应有各自的楼层平面图。但当这些楼层平面布置相同，或仅有局部不同时，一般来说，除底层和顶层需要分别画出其平面图外，中间各层可以只画一个共同的平面图，此平面图称为标准层平面图。对于局部不同之处，只需另画局部平面图。因此，建筑平面图一般包括底层平面图、标准层平面图、顶层平面图、屋顶平面图、局部平面图等几种。图 8-13 为某学校学生宿舍底层平面图。

　　绘制平面图常用的比例为 1∶50、1∶100、1∶200。由于比例较小，一些构造和配件在图样中不能表达清楚，需要用图例来表示，并注上相应的代号及编号。如门的代号为 M，窗的代号为 C，不同型号的门窗在代号后面用阿拉伯数字编号区别，同一类型的门或窗，编号应相同。建筑平面图常用门窗图例见表 8-4 所示。

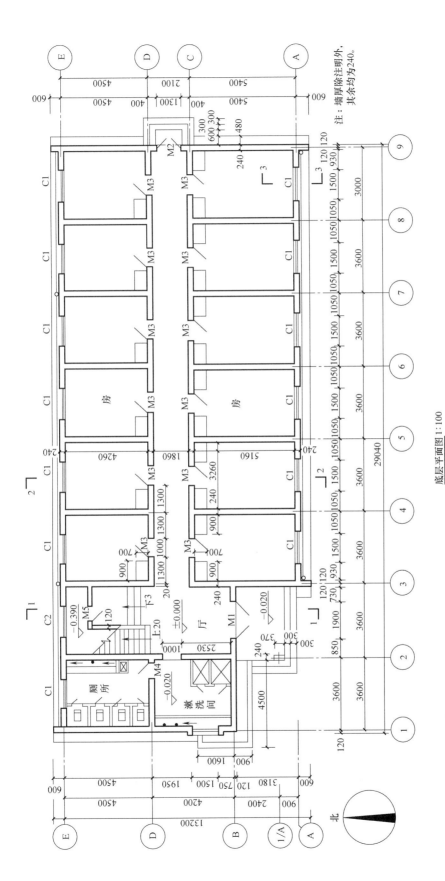

底层平面图 1:100

图 8-13　某学校学生宿舍底层平面图

注：墙厚除注明外，
其余均为240。

85

序号	名　称	图　例	说　明
1	墙体	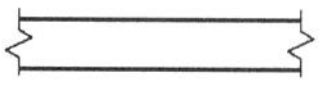	应加注文字或填充图例表示墙体材料,在项目设计图纸说明中列材料图例表给予说明
2	隔断		1. 包括板条抹灰、木制、石膏板、金属材料等隔断 2. 适用于到顶与不到顶隔断
3	栏杆		
4	单扇门(包括平开或单面弹簧)	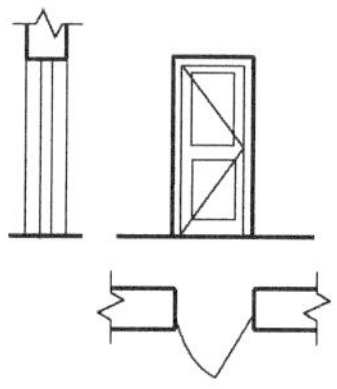	1. 门的名称代号用 M 2. 图例中剖面图左为外、右为内,平面图下为外,上为内 3. 立面形式应按实际情况绘制
5	单层固定窗	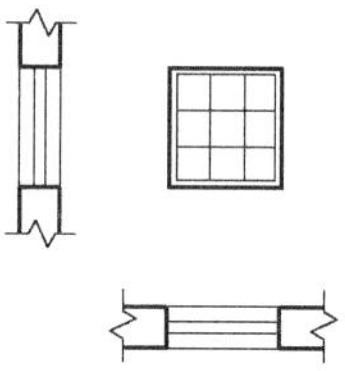	1. 窗的名称代号用 C 表示 2. 图例中,剖面图所示左为外,右为内,平面图所示下为外,上为内 3. 窗的立面形式应按实际绘制
6	楼梯	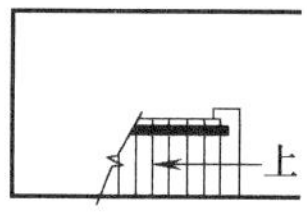 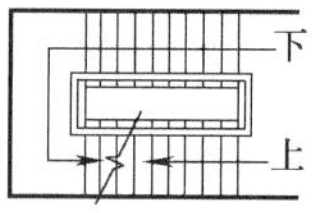 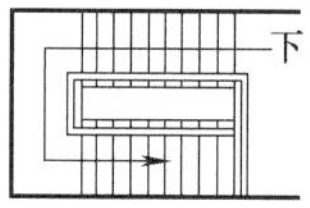	1. 上图为底层楼梯平面,中图为中间层楼梯平面,下图为顶层楼梯平面 2. 楼梯及栏杆扶手的形式和梯段踏步数应按实际情况绘制

8.3.2　建筑平面图的主要内容

建筑平面图主要反映房屋的平面形状、内部的分隔和组合关系、墙、柱的布置、门窗的位置以及其他构配件的位置和大小等情况。建筑平面图表达的内容比较丰富,主要包括以下六个方面:

1. 建筑物内部的平面分隔和组合关系;
2. 墙、柱的布置及断面尺寸;
3. 门、窗的位置及宽度;
4. 楼梯、台阶、阳台等构配件的布置和尺寸;
5. 定位轴线及编号;
6. 剖切符号、索引符号等。

平面图中凡需另绘详图的部位，均应注出详图索引符号。建筑剖面图的剖切符号也应标注在底层平面图上。

建筑平面图是工程概、预算的重要依据，如计算建筑面积、墙、柱砌体工程、楼地面工程和门窗数量统计等。

8.3.3 建筑平面图的画法

《建筑制图标准》GB/T 50104—2010 规定：建筑平面图中凡被剖到的墙、柱的断面轮廓线用粗实线表示。粉刷层在 1∶100 及更小比例的平面图中不必画出，在 1∶50 或更大比例的平面图中则用细实线表示。没有剖切到的可见轮廓线，如台阶、窗台、散水、梯段等用中粗线画出。其他图形线、图例线、尺寸线等用细实线表示。

建筑平面图必须详细标注尺寸，以表示房屋内外各部分的平面大小及位置。一般是在图样的下方和左方标注相互平行的三道尺寸。最外面一道尺寸称为外包尺寸，表示建筑物外轮廓的总体大小，它是从建筑物一端外墙皮到另一端外墙皮的总长和总宽尺寸；中间一道尺寸称为轴线尺寸，表示轴线之间的距离，说明房间的开间和进深大小；最里面一道尺寸称为洞口尺寸，表示外墙上门窗洞口的位置和宽度尺寸。除上述三道尺寸外，建筑平面图还须注出某些内部和细部的尺寸，如内墙厚度、内墙上门窗洞口的宽度及位置尺寸、台阶、花台、散水等细部构造的位置及大小尺寸等。此外，平面图中还须注明楼地面、台阶顶面、楼梯休息平台面以及室外地面的标高。

8.3.4 建筑平面图的识读

阅读建筑平面图应掌握正确的方法，一般是由外向内、由大到小、先粗后细，逐步深入地阅读。一般步骤是：

1. 查看图名、图号及绘图比例；
2. 了解房屋的朝向和室内外地面标高；
3. 了解房屋的平面形状和总尺寸；
4. 了解墙、柱的布置和尺寸；
5. 了解房间的布置、用途及交通联系；
6. 了解房间的开间、进深及其他细部尺寸；
7. 了解门窗的类型、数量及位置（可结合门窗表进行阅读）；
8. 查阅剖切符号和索引符号。

阅读建筑平面图可按底层平面图、标准层平面图、顶层平面图、屋顶平面图的顺序进行。注意要有重点、有区别地阅读，相同的地方不要重复识读。

底层平面图主要表示房屋底层的平面布置情况，即房间的分隔和组合、出入口、门厅、楼梯等的位置及相互关系，各种门窗的位置以及室外台阶、花台、散水、雨水管的布置和大小等内容。

标准层平面图主要表示房屋中间各层的平面布置情况。在底层平面图中已经表明的室外台阶、花台、散水等内容在标准层平面图中不再重复表现，出入口处的雨篷要在二层平面图上表示，二层以上的平面图中不再表示。

顶层平面图主要表示房屋顶层的平面布置情况。如果顶层的平面布置与标准层的平面布置相同，也可只画出局部的顶层楼梯间平面图。

屋顶平面图是房屋顶面的水平投影图，主要表示屋顶的形状、屋面排水方向及坡度、檐沟的位置、雨水管、水箱、上人孔及烟道出口的位置等内容。

当某些楼层的平面布置基本相同，而仅有局部不同时，这些不同部分可以用局部平面图来表示；或某些局部平面布置比较复杂时，也可以另画比例较大的局部平面图。常见的局部平面图有厕所、盥洗室、楼梯间平面图等。为了清楚地表明局部平面图在平面图中所处的位置，局部平面图必须标明与平面图一致的定位轴线及编号。

下面以图8-13所示的某学校学生宿舍底层平面图为例，说明建筑平面图的识读方法。

该学生宿舍的平面形状为矩形，总长29.04m，总宽13.20m，设横墙九道，纵墙五道，独立柱一根。内部为内廊双侧式布置，走廊呈纵向居中，主要房间均匀排列两侧。主要出入口朝南，与门厅、楼梯间均位于西端②～③轴线间，西头设厕所、漱洗间，内廊东头设侧门。

该学生宿舍底层共有12间房间，南北各6间，房间的开间均为3.6m，南面房间进深5.4m，北面房间进深4.5m，走廊宽2.1m。其他细部尺寸如门窗的宽度及位置，墙、柱的断面大小、出入口台阶宽度尺寸等均可从图中读得。图中的标高数据主要有走廊地面标高±0.000，漱洗间地面标高－0.020m，底层楼梯平台下地面标高－0.390m，及出入口平台面标高－0.020m。

该学生宿舍底层共有5种类型的门，编号分别为M_1、M_2、M_3、M_4、M_5，两种类型的窗，编号分别为C_1、C_2，其具体数量可查阅门窗统计表。

另，学生宿舍底层平面图的不同位置还画有编号分别为1-1、2-2和3-3的剖切符号，表明还有三个与之对应的剖面图。

8.4 建筑立面图

8.4.1 建筑立面图的形成

建筑立面图是对房屋前、后、左、右各个方向所作的正立投影图，如图8-14所示。

房屋建筑立面图的名称，通常以房屋的朝向来命名，如南立面图、北立面图、西立面图和东立面图；或以房屋的外貌特征来命名，反映房屋主要出入口或主要外貌特征的立面图，为正立面图，其余的相应称为背立面图和侧立面图；有时，也可根据立面图两端的轴线编号来命名，如①～⑨立面图或⑨～①立面图等。房屋两侧立面相同时，通常只画一个侧立面图。

立面图的绘制比例与平面图相同。图8-15为某学校学生宿舍①～⑨立面图。

8.4.2 建筑立面图的主要内容

建筑立面图是用于表示房屋的外形、外貌、层次、高度、门窗形式及外墙面装修做法的图样，主要内容包括以下六个方面：

1. 房屋的外形特征；

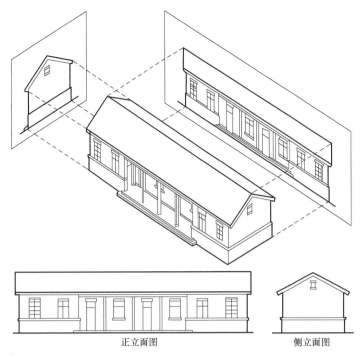

正立面图　　　　　　　　　　　侧立面图

图 8-14　建筑立面图的形成

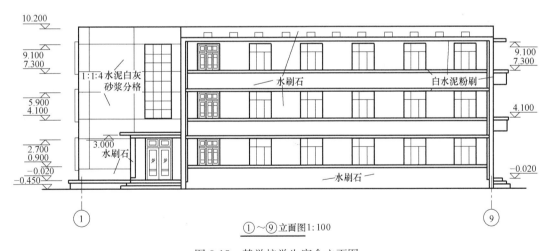

①～⑨立面图1:100

图 8-15　某学校学生宿舍立面图

　　为使立面图表达房屋的外形清晰明了，富有层次感，立面图常采用多种线型来画。习惯画法是屋脊和外墙的轮廓线用粗实线，室外地坪线用加粗粗实线，阳台、雨篷、门窗洞、台阶、花台等轮廓线用中粗实线，门窗扇细部、雨水管、墙面分格线、有关说明的引出线和标高符号等用细实线。此外，立面图中外墙面装修材料及做法一般采用文字加以说明。

　　2.主要出入口、台阶、雨篷、阳台的形式、位置及有关尺寸；

　　3.门窗的大小、形状与排列方式；

　　4.檐口形式及雨水管的布置；

5. 勒脚和外墙的装修材料及色调；

6. 竖向尺寸和标高。

立面图上的高度尺寸主要以标高的形式来标注，一般是注出主要部位的相对标高，如室外地面、入口处地面、窗台、门窗顶面、檐口等处。标高符号一般标注在图样之外，在所需标注处画一水平引出线引出标注，标高符号应大小一致，排列在同一竖直线上。标注标高时，应注意有建筑标高与结构标高之分。如标注构件的上顶面标高时，应标注建筑标高（包括粉刷层在内）；如标注构件的下底面标高时，应标注结构标高（不包括粉刷层在内）。

建筑立面图的主要作用是指导房屋外部装修施工和计算有关预算工程量。

8.4.3　建筑立面图的识读

阅读建筑立面图时，应与建筑平面图、建筑剖面图对照，特别应注意建筑物体型的转折与凹凸变化。一般步骤为：

1. 查看图名、图号及绘图比例。

2. 了解立面图与平面图的对应关系。

建筑立面图一般画出房屋两端的定位轴线及编号，以便与平面图对照阅读。

3. 了解房屋的外形特征和外墙装修情况。

4. 了解房屋的高度及各部的标高。

下面以图 8-15 所示的某学校学生宿舍①～⑨立面图为例，说明建筑立面图的识读方法。

该立面图反映的是某学校学生宿舍①～⑨立面，与学生宿舍平面图对照，可知是带有主要出入口的正立面或南立面。

该宿舍楼为三层平顶不对称式立面造型，西端大门入口为三级台阶、独立柱雨篷、双扇玻璃门，雨篷上部墙体做空花。台阶西侧是一花池，上部的实墙面做分格处理。大门东侧窗户均匀排列，窗洞口上下设腰线并左右贯通成水平线条。结合平面图可知，该立面在③、⑨号轴线处的横墙突出，与上部檐口形成突出于立面的线框。东面侧门入口也设三级台阶，二、三层东侧设阳台与内廊相连。檐口上部的女儿墙设方形雨水口，③、⑨号轴线处墙角各设雨水管一根。

该立面图还表明了学生宿舍外墙面的装修情况，线框及水平窗腰线均为白水泥粉刷，西端分格墙面粉 1：1：4 水泥白灰砂浆，其余为水刷石。立面图主要标明了室外地坪、入口处台阶面、窗洞口上下、女儿墙顶面等处的标高。

8.5　建筑剖面图

8.5.1　建筑剖面图的形成

建筑剖面图，是假想用一垂直于外墙轴线的铅垂剖切平面把房屋剖开，移去一部分，对剩余部分所作的正投影图。如图 8-16 所示。

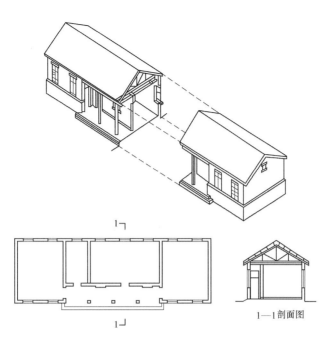

图 8-16　建筑剖面图的形成

剖面图的剖切位置应选在房屋内部结构和构造比较复杂或有代表性的部位，如门窗洞口处。剖面图的数量根据建筑物的复杂程度和施工需要而定，可以只有一个，也可以有多个。对于多层建筑，一般还至少有一个通过楼梯间的剖面图。根据需要，剖面图也可采用阶梯剖的形式。

剖面图的绘制比例与平面图、立面图相同，线型要求和材料图例均与平面图相同。图名应与底层平面图中所标注的剖切符号的编号一致。此外，剖面图一般不画出室外地面以下的部分（基础部分由结构施工图中的基础图来表达）。图 8-17 为某学校学生宿舍 1—1 剖面图。

8.5.2　建筑剖面图的主要内容

建筑剖面图主要表示房屋内部空间的高度关系，如房屋的层次、屋顶的形式及坡度、檐口的形式、楼层及门窗各部分的高度、楼板和楼梯的形式等，主要内容包括以下六个方面：

1. 房屋的内部空间分隔与组合关系；
2. 房屋的结构形式；
3. 门窗洞口的高度；
4. 楼梯的结构形式；
5. 内装修材料及做法；
6. 竖向尺寸与标高。

8.5.3　建筑剖面图的识读

阅读建筑剖面图时，应以建筑平面图、建筑立面图为依据，反复对照以形成对房屋的

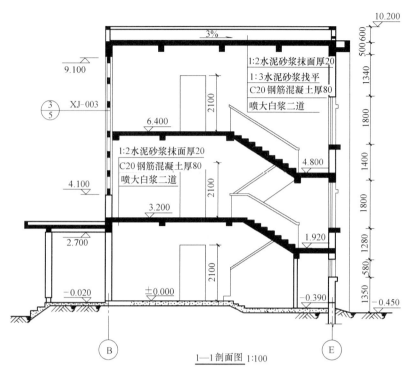

图 8-17　某学校学生宿舍建筑剖面图

整体认识。

　　1. 查看图名及绘图比例；

　　2. 了解剖切位置和投影方向；

　　3. 了解房屋的结构形式；

　　4. 了解屋面、楼面和地面的构造层次及作法；

　　5. 了解屋面排水系统；

　　6. 了解竖向尺寸及标高；

　　7. 查看详图符号和索引符号。

　　下面以图 8-17 所示的某学校学生宿舍 1-1 剖面图为例，说明建筑剖面图的识读方法。

　　对照学生宿舍底层平面图、①～⑨立面图可知，该 1-1 剖面图是通过学生宿舍大门及门厅、楼梯间的一个横向全剖面图，并且具体剖切位置在每层楼梯向上的第二梯段处。

　　图中涂黑部分表示的是被剖切到的钢筋混凝土构件的断面，如梯段及中间休息平台、梁及楼板、屋面板和挑檐沟、窗台及入口上部的雨篷板等。

　　该学生宿舍为平屋顶，屋面坡度 3%，坡向外檐沟。屋面构造有四个层次，由上至下分别是 20mm 厚 1：2 水泥砂浆面层、1：3 水泥砂浆找平层、80mm 厚 C20 钢筋混凝土结构层和二道大白浆顶棚。楼面的构造是三层，分别是 20mm 厚 1：2 水泥砂浆面层、80mm 厚 C20 钢筋混凝土结构层和大白浆顶棚。

　　图中标注了标高的部位主要有：底层室内外地坪、各层楼面、楼梯休息平台面、女儿墙顶面等处。标注了高度尺寸的部位主要有：门洞、窗户等处。

　　该剖面图上还有一处索引符号，它表明空花墙部位另见编号为 XJ-003 的标准图集。

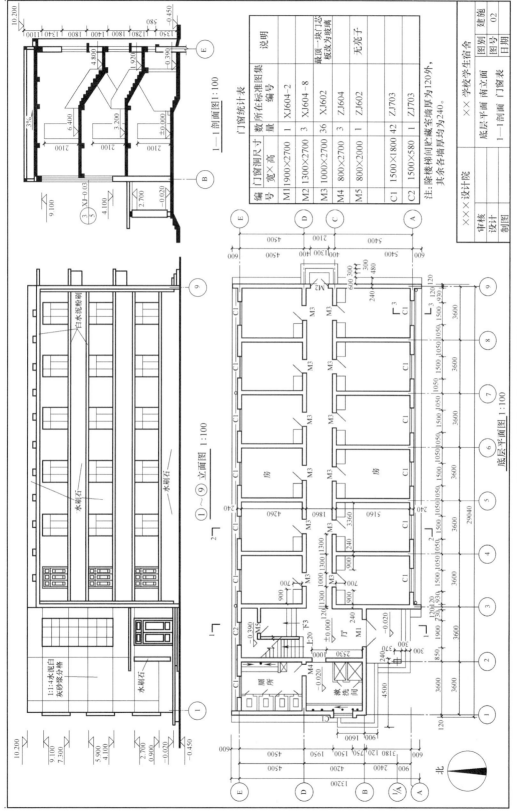

图 8-18 学生宿舍建施 2 号图

建筑平面图、建筑立面图和建筑剖面图是反映房屋建筑平面布局、立面造型和内部构造的三种基本图样。对于规模、体量不大的房屋建筑，其三种基本图样通常是以相同的比例绘制在同一张图纸上，且配置在三面正投影图的相应位置，以便于对照阅读。如图8-18所示的某某学校学生宿舍建施2号图就是如此，其上适当地方还配有门窗统计表。

8.6 建筑详图

8.6.1 建筑详图的形成及特点

由于建筑平、立、剖面图所用的绘图比例比较小，因而在这些图样上难以清楚表达房屋某些局部的详细情况。为了满足房屋施工的需要，必须绘制比例较大的图样，将这些局部构造的形状、大小、材料及做法详细地表达出来，这些图样就是建筑详图。建筑详图是建筑平、立、剖面图的补充和深化，是房屋建筑施工的重要依据。

在建筑平、立、剖面图中，凡需绘制详图的部位均应画上索引符号，而在所画出的详图上则应编有相应的详图符号。详图符号与索引符号必须对应一致，以便看图时查找相互有关的图纸，对照看图。对于套用标准图或通用图的建筑构配件或节点，只需注明所套用图集的名称、编号和页次，而不必另画其详图。

建筑详图的绘制一般采用1∶1、1∶2、1∶5、1∶10、1∶20等较大的比例尺，所画出的图样能做到图例、线型分明、构造关系清楚、尺寸标注齐全、文字说明详尽。建筑详图的数量，由房屋细部和构配件的表达需要而定，通常有墙身剖面详图、楼梯详图、门窗详图等。

8.6.2 墙身剖面详图

墙身剖面详图实际上是建筑剖面图中墙身部位的局部放大图，所表达的内容包括从（基础）墙身防潮层至屋顶檐口各主要节点的构造做法，包括屋面、檐口、楼地面、窗台、门窗顶、勒脚、散水的构造形式和做法以及楼板、屋面与墙的连接关系等。

墙身剖面详图是房屋建筑施工中砌墙、安装门窗、屋面、楼地面、檐口施工及内部装修的重要依据。

墙身剖面详图一般采用1∶20等较大的比例绘制，为节省图幅，常采用折断画法在窗洞口中间断开，成为几个节点详图的组合。在多层房屋建筑中，如各层构造相同时，可只画出底层、顶层加一个中间层的墙身剖面详图。图8-19所示的3-3剖面图为某学校学生宿舍外墙身剖面详图。

檐口为房屋的一个重要节点，当不画墙身详图时，必须单独画出檐口节点的详图，以表明屋面与墙身相接处的排水构造。图8-19所示的某某学校学生宿舍外墙剖面详图中的檐口，由女儿墙和挑檐沟组成，女儿墙下部开方形雨水口与挑檐沟相通，檐沟内一定位置设落水口并安装落水管，是一种有组织的排水方式。落水口构造另见标准图集XJ202。

墙身剖面详图除表明墙身各主要节点的构造形式和做法外，还应标注室内外地面、各层楼面、屋面、窗台、圈梁或过梁底面、檐口等处的标高及一些细部的具体尺寸。详图中

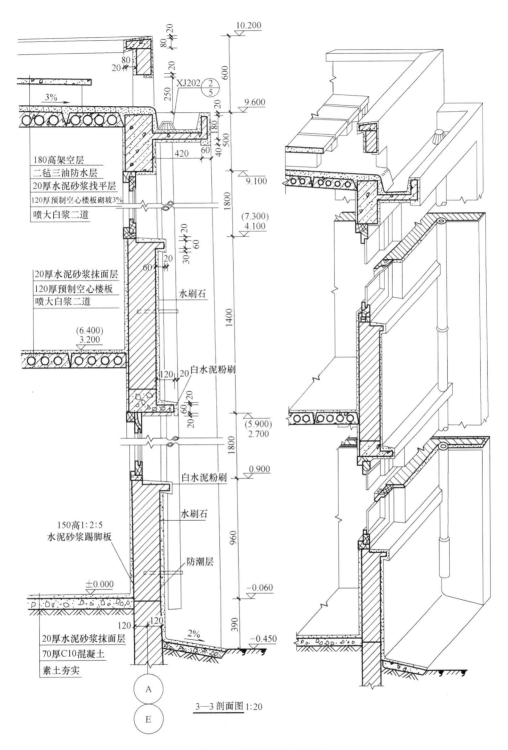

图 8-19　某墙身剖面详图

一般应画出粉刷层并标注其厚度。

阅读墙身剖面详图，应先根据详图中的轴线编号或剖面编号找到所表示的建筑部位，以便与建筑平、立、剖面图对照阅读。看图时，应由下而上或由上而下逐个节点详细阅读。

8.6.3 楼梯详图

楼梯是多层房屋建筑中上下楼层的主要交通设施，楼梯的构造比较复杂，在建筑平面图和建筑剖面图中不能详细表达清楚，一般均须另画详图表示。楼梯详图主要表达楼梯的类型、结构形式、各部位的尺寸及装修做法等内容，是楼梯施工的主要依据。

楼梯详图一般分为建筑详图和结构详图，应分别绘制并编入相应的建筑施工图和结构施工图中。但对于构造简单的楼梯，其建筑详图与结构详图也可合并绘制，编入建筑施工图或结构施工图均可。楼梯的建筑详图包括楼梯平面图、楼梯剖面图以及踏步和栏杆扶手详图。

1. 楼梯平面图

楼梯平面图，是用假想的水平剖切平面把房屋每层向上的第一个梯段中部剖开，向下投影所得到的图样。因此，楼梯平面图实际上是各层楼梯间的水平剖面图。楼梯平面图一般包括底层楼梯平面图、标准层楼梯平面图和顶层楼梯平面图。图 8-20 为某楼梯平面图。

楼梯平面图主要表达楼梯间的平面布置情况，如梯段的水平长度和宽度、上行和下行的方向、踏步数和踏步宽、休息平台的宽度、栏杆扶手的位置及梯间的开间、进深尺寸等内容。

楼梯平面图中，梯段被水平剖切的剖切线应是水平线，而各级踏步的轮廓线也是水平线，为避免混淆，规定在剖切处画 45°倾斜折断线表示剖切线。底层楼梯平面图中的 45°倾斜折断线应以休息平台与梯段的分界处为起画点，使画出的第一梯段的长度保持完整。此外，梯段的上行或下行方向是以各层楼地面为基准标注的，并用长线箭头和文字在梯段上注明上行、下行的方向和踏步级数。同时，梯段的水平长度通常用踏面数与踏面宽的乘积来表示。由于最高一级踏步的踏面与平台面或楼面重合，所以平面图中每一梯段画出的踏面数总比踏步级数少一。

阅读楼梯平面图时，要注意掌握各层平面图表达的特点。在底层平面图中，只有一个被剖到的梯段和栏板，该梯段为上行梯段，故在梯口画上注有"上"字的长箭头并注明从底层到达二层的踏步总数；中间层楼梯经剖切向下投影时，不仅能看到本层向上的部分梯段，还能看到本层向下的一个完整梯段及中间休息平台和再向下的部分梯段，这些梯段的投影重合，以 45°倾斜折断线为界，并在两个梯口处分别画上注有"上"字和"下"字的长箭头并注明从本层到达上层和下层的踏步总数；顶层楼梯由于剖切平面位于安全栏板之上，故未剖到任何梯段，因而平面图中能看两段完整的下行梯段和中间休息平台，在梯口处只有一个注有"下"字的长箭头并注出从顶层到达下一层的踏步总数。

在各层楼梯平面图中，应标注出该楼梯间的轴线编号，以确定其在建筑平面图中的位置。底层楼梯平面图还应标注楼梯剖面图的剖切符号。

2. 楼梯剖面图

楼梯剖面图，是用假想的铅垂剖切平面把楼梯间一侧的梯段垂直剖开，向另一侧未剖到的梯段方向投影所得的图样。楼梯剖面图主要表达楼梯的结构形式、梯段和休息平台的布置及连接关系、踏步、栏板扶手的构造等内容。图 8-21 为某楼梯剖面图。

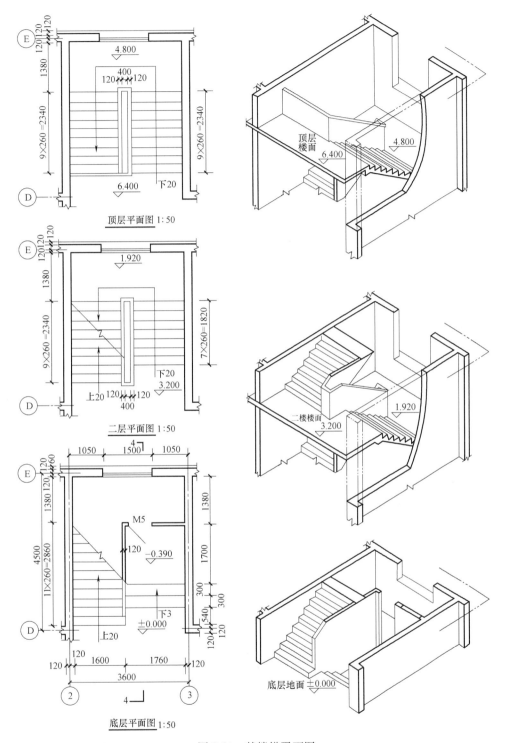

图 8-20　某楼梯平面图

在楼梯剖面图中，梯段的垂直高度尺寸可以用踏步级数与踢面高度的乘积来表示。楼梯剖面图一般不画出屋面部分，需另画详图的部位应画上索引符号。

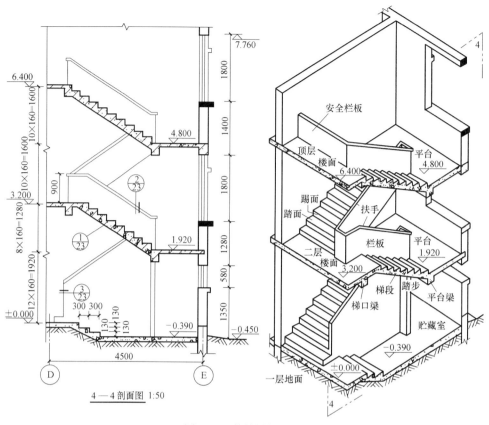

图 8-21　某楼梯剖面图

3. 节点详图

在楼梯平面图和楼梯剖面图中没有表示清楚的踏步、栏杆扶手、梯段起步部位的做法等内容，常用较大的比例另画详图。图 8-22 为某楼梯踏步、栏板及扶手详图。

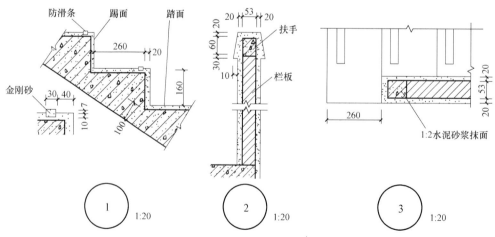

图 8-22　某楼梯踏步、栏板及扶手详图

踏步详图表明踏步的截面形状、大小、材料及面层的做法。踏步边沿磨损较大，为防止滑跌，常在踏步口设置防滑条。栏杆扶手详图主要表明栏杆及扶手的形式、尺寸、材料

及与踏步的连接等情况。梯段起步部位的详图表明底层楼梯起始踏步的处理情况。

复习思考题

1. 什么是建筑施工图？它包括哪些主要图样？
2. 什么是总平面图？它表达的主要内容有哪些？
3. 建筑平面图是怎样形成的？其图示方法有什么特点？
4. 建筑平面图表达的主要内容是什么？常见的建筑平面图一般有哪些？
5. 什么是建筑立面图？立面图是怎样命名的？
6. 建筑立面图表达的主要内容有哪些？
7. 建筑剖面图是怎样形成的？其主要用途是什么？
8. 建筑平、立、剖面图三种基本图样之间有什么关系？
9. 什么是建筑详图？常见的建筑详图一般有哪些？
10. 如何查阅建筑详图？
11. 墙身剖面详图应包括哪些内容？
12. 楼梯详图应包括哪些内容？

第9章 房屋结构施工图

房屋的建筑施工图表达了房屋的外部造型、内部布置、建筑构造和内外装修等内容。而房屋各承重构件（如基础、承重墙、梁、板、柱及其他结构构件）的布置、结构构造等内容还要通过结构选型，构件布置以及力学计算等设计过程来确定，并将设计结果绘制成结构施工图。房屋的结构类型根据主要承重构件所用材料不同，分为钢筋混凝土结构、钢结构、木结构、混合结构等，本章仅介绍钢筋混凝土结构（图9-1）的施工图。

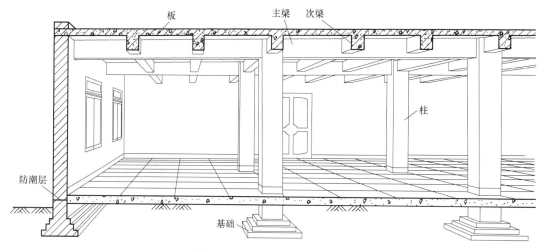

图 9-1　钢筋混凝土结构示意图

9.1　概述

9.1.1　结构施工图的组成

一套结构施工图通常包括下列内容：

1. 结构设计说明

结构设计说明是带全局性的文字说明，主要包括：抗震设计与防火要求，地基与基础，地下室，钢筋混凝土各结构构件，砖砌体，后浇带与施工缝等部分选用的材料类型、规格、强度等级，施工注意事项等。很多设计单位已把上述内容一一详列在一张"结构说明"图纸上，供设计者选用。

2. 结构平面图

结构平面图表示房屋结构中各种承重构件总体平面布置的图样，包括：

（1）基础平面图，工业建筑还有设备基础布置图；

（2）楼层结构平面布置图，工业建筑还包括柱网、吊车梁、柱间支撑、连系梁布置图等；

（3）屋面结构平面图，包括屋面板、天沟板、屋架、天窗架及支撑系统布置图等。

3. 构件详图

构件详图表示各种承重构件的形状、大小、材料和构造的图样，包括：

（1）梁、板、柱及基础结构详图；

（2）楼梯结构详图；

（3）屋架结构详图；

（4）其他详图，如支撑详图等。

9.1.2 结构施工图的有关代号及表示方法

1. 混凝土强度等级

混凝土按其抗压强度的不同分为不同的强度等级。普通混凝土划分为 C15、C20、C25、C30、C35、C40、C45、C50、C55、C60、C65、C70、C75 和 C80 共 14 个等级，数字越大，表示混凝土的抗压强度越高。

2. 钢筋等级

钢筋按其强度和品种分成不同的等级，并分别用不同的直径符号表示：

（1）Ⅰ级钢筋，HPB300 为热轧光圆钢筋。用 ϕ 表示；

（2）Ⅱ级钢筋，HRB335（20MnSi）为热轧带肋钢筋，用 Φ 表示；

（3）Ⅲ级钢筋，HRB400（20MnSiV、20MnSiNb、20MnTi）为热轧带肋钢筋，用 Φ 表示；

（4）Ⅳ级钢筋，RRB400（K20MnSi）为余热处理钢筋，光圆或螺纹，用 Φ^R 表示；

此外，还有 HRB500 级钢筋。

3. 钢筋的表示方法

钢筋的表示方法如表 9-1 所示。

钢筋表示方法 表 9-1

名　　称	图　　例	说　　明
钢筋横断面	●	
无弯钩的钢筋端部		下图表示长短钢筋投影重叠时,可在短钢筋的端部用 450 斜画线表示
带半圆形弯钩的钢筋端部		
带直弯钩的钢筋端部		
带丝扣的钢筋端部		
无弯钩的钢筋搭接		
带半圆形弯钩的钢筋搭接		
带直弯钩的钢筋搭接		

名 称	图 例	说 明
单根预应力钢筋横断面	+	
预应力钢筋或钢绞线	————··——··——··——	用粗双点长画线

4. 常用构件代号

房屋结构的基本构件，如梁、板、柱等，种类繁多，布置复杂，为了图示简明扼要，并把构件区分清楚，便于施工、制表、查阅，有必要把每类构件给予代号。根据《建筑结构制图标准》GB/T 50105—2010 的规定，现摘录部分常用构件代号如表 9-2 所示。

常用构件代号   表 9-2

名 称	代 号	名 称	代 号
板	B	屋架	WJ
屋面板	WB	框架	KJ
楼梯板	TB	刚架	GJ
盖板或沟盖板	GB	支架	ZJ
墙板	QB	柱	Z
梁	L	框架柱	KZ
框架梁	KL	基础	J
屋面梁	WL	桩	ZH
吊车梁	DL	梯	T
圈梁	QL	雨篷	YP
过梁	GL	阳台	YT
连系梁	LL	预埋件	M—
基础梁	JL	钢筋网	W
楼梯梁	TL	钢筋骨架	G

预应力钢筋混凝土构件的代号，应在上列构件代号前加注"Y—"，例如 Y-DL 表示预应力钢筋混凝土吊车梁。

9.2 基础图

基础是房屋最下部的承重结构，它把房屋的全部荷载传递到地基，起着承上传下的作用。基础的形式根据房屋上部结构情况，地基的岩土类别以及施工条件等综合考虑确定。一般建筑常用的基础形式有条型（墙）基础、独立（柱）基础、筏形基础、箱形基础、桩基础等，本部分只介绍条形（墙）基础和独立（柱）基础。如图 9-1 的示意图，房屋的外侧是以砖墙承重，采用条形基础。房屋内部是梁板柱的钢筋混凝土结构，柱下采用独立基础。

基础图是表示建筑物室内地面以下基础部分的平面布置和详细构造的图样，它是施工时在基地上放灰线、开挖基坑和施工基础的依据。基础图通常包括基础平面图和基础详图。

9.2.1 基础平面图

基础平面图是一个剖面图，水平剖切面沿房屋的地面与基础之间把整幢房屋剖开后，移开上部的房屋和泥土（基坑没有填土之前）所作出的基础水平投影。在基础平面图中，只要画出基础墙、构造柱、承重柱的断面以及基础底面的轮廓线，至于基础的细部投影都可省略不画。这些细部的形状，将具体反映在基础详图中。

1. 基础平面图的主要内容

基础平面图的主要内容概括如下：

（1）图名、比例；

（2）纵横定位轴线及其编号；

（3）基础的平面布置，即基础墙、构造柱、承重柱以及基础底面的形状、大小及其与轴线之间的关系；

（4）基础梁或基础圈梁的位置及其代号；

（5）断面图的剖切线及其编号；

（6）轴线尺寸、基础大小尺寸和定位尺寸；

（7）施工说明；

（8）当基础底面标高有变化时，应在基础平面图对应部位的附近画出一段基础的垂直剖面图，来表示基底标高的变化，并标注相应基底的标高。

2. 基础平面图的画法要求

（1）基础墙和柱的外形线是剖到的轮廓线，应画成粗实线。条形基础和独立基础的底面外形线是可见轮廓线，则画成中实线。基础梁或基础圈梁的中心线位置用粗点画线表示。

（2）由于基础平面图常采用1：100的比例绘制，故材料图例的表示方法与建筑平面图相同，即剖到的基础墙可不画砖墙图例（也可在透明描图纸的背面涂成淡红色）、钢筋混凝土柱涂成黑色。

（3）基础平面图中必须注明基础的大小尺寸和定位尺寸。这些尺寸可直接标注在基础平面图上，也可以用文字加以说明和用基础代号等形式标注。基础代号注写在基础剖切线的一侧，以便在相应的基础断面图（即基础详图）中查到基础底面的宽度。基础的定位尺寸也就是基础墙、柱的轴线尺寸（应注意它们的定位轴线及其编号必须与建筑平面图相一致）。

（4）在房屋的不同部位，由于荷载或地基承载力的不同，基础的形式或断面尺寸可能不同。因此，在基础平面图中应相应地画出剖切符号并注明断面编号，断面编号或基础代号一般采用阿拉伯数字连续编号。

3. 基础平面图实例

（1）条形基础图的识读示例

图9-2是某学校学生宿舍以砖墙承重房屋的基础平面图。从图中可以看出，该房屋绝

103

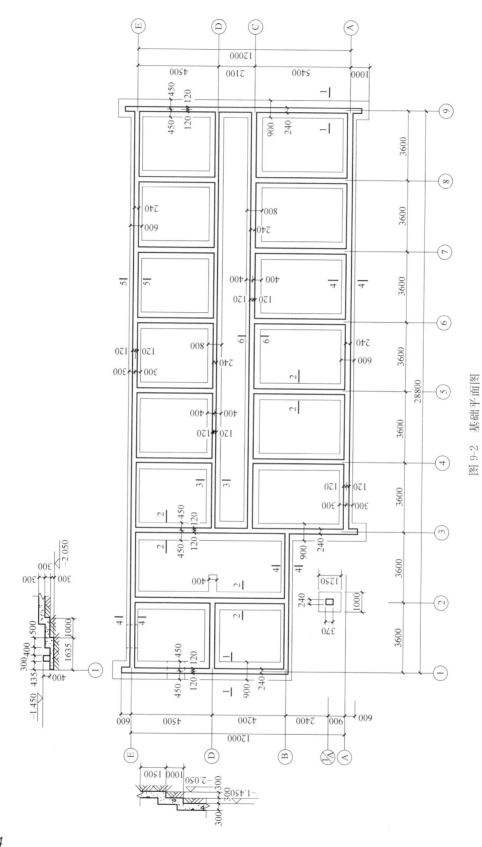

图 9-2 基础平面图

大部分的基础属条形基础，只是门前Ⓐ×②（即轴线Ⓐ和轴线②相交处）的柱基础是独立基础。轴线两侧的粗线是墙边线，细线是基础底边线。以轴线①为例，图中注出基础底宽度尺寸 900mm，墙厚 240mm，左右墙边到轴线的定位尺寸 120mm，基底左右边线到轴线的定位尺寸 450mm。Ⓔ×①屋角处有管洞通过基础，其标高为−1.450m。由于基础不得留孔洞，构造上要把该段墙基础砌深 600mm，成阶梯形，称为阶梯基础。坑底也挖成阶梯形。在基础平面图上用虚线画出各级的位置，其做法及尺寸另用断面详图表示。

基础的断面形状与埋置深度要根据上部的荷载以及地基承载力而定。同一幢房屋，由于各处有不同的荷载和不同的地基承载力，下面就有不同的基础。对每一种不同的基础，都要画出它的断面图，并在基础平面图上用 1—1、2—2 等剖切符号表明该断面的位置。

（2）独立基础图的识读示例

采用框架结构的房屋以及工业厂房的基础常用独立柱基础。图 9-3 某住宅的基础平面图（该住宅左右对称），图中涂黑的长方块是钢筋混凝土柱，柱外细线方框表示该独立柱基础的外轮廓线，基础沿定位轴线布置，分别编号为 ZJ1、ZJ2 和 ZJ3（图中只在左半部分标注）。基础与基础之间设置基础梁，以细线画出，它们的编号及截面尺寸标注在图的右半部分。如沿①和⑪轴的 JKL1-1、JKL1-2 等，用以支托在其上面的砖墙。又如③和⑨轴的 JKL3-P 以及⑤和⑦轴的 JKL5-P，是两根悬挑的基础梁，在它们的端部支承 JL4，三梁共同支托北阳台的栏板。

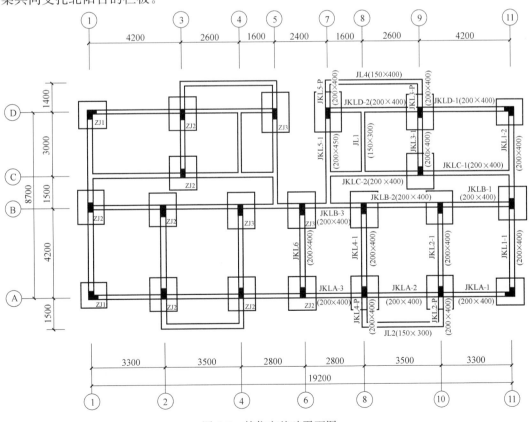

图 9-3　某住宅基础平面图

9.2.2 基础详图

基础平面图只表明了基础的平面布置，而基础各部分的断面形状、大小、材料、构造以及基础的埋置深度等均未表达出来，这就需要画出各部分的基础详图。

1. 基础详图的主要内容

基础详图的主要内容概括如下：

（1）图名（或基础代号）、比例；

（2）基础断面形状、大小、材料、配筋以及定位轴线及其编号（若为通用断面图，则轴线圆圈内为空白，不予编号）；

（3）基础梁和基础圈梁的截面尺寸及配筋；

（4）基础圈梁与构造柱的连接做法；

（5）基础断面的细部尺寸和室内外地面、基础垫层底面的标高等；

（6）防潮层的位置和做法；

（7）施工说明等。

2. 基础详图的画法要求

（1）在同一栋房屋中，当各条形基础的断面形状和配筋形式类似时，通常只要画出一个通用断面图，再附上表格将不同基础的断面尺寸、基础受力筋的规格等借以字母和代号表达清楚。

（2）独立基础用垂直剖面图和平面图表示。

（3）基础断面除钢筋混凝土材料外，其他材料宜画出材料图例符号。

（4）钢筋混凝土独立基础通常采用局部剖面图表达板底配筋。

3. 基础详图识读示例

图 9-4 是图 9-2 所示砖墙承重房屋的条形基础 1—1 断面详图，比例是 1∶20。从图中可以看出断面图是根据基坑填土后画出的，其基础的垫层用素混凝土浇成，高 300mm、宽 900mm。垫层上面是两层大放脚，每层高 120mm（即两皮砖）。底层宽 500mm，每层每侧缩 60mm，墙厚 240mm。图中注出室内地面标高±0.000，室外地面标高−0.450m 和基础底面标高−1.450m。此外还注出防潮层离室内地面 60mm，轴线到基坑边线的距离 450mm 和轴线到墙边的距离 120mm 等。

图 9-5 是图 9-3 所示某住宅独立柱基础 ZJ2 的结构详图，图中应将定位轴线、外形尺寸、钢筋配置等标注清楚。基础底部通常浇注素混凝土垫层，柱的钢筋配置在柱的详图中注明，此处不必重复。ZJ2 纵横两向配置 φ12@200 的钢筋网。立面图采用全剖面、平面图采用局部剖面表示钢筋网的配置情况。对线型、比例等要求，与梁、柱结构详图相同。

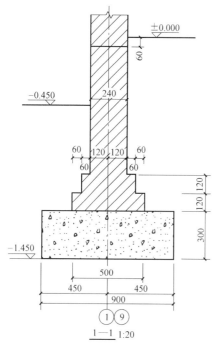

图 9-4 条形基础详图

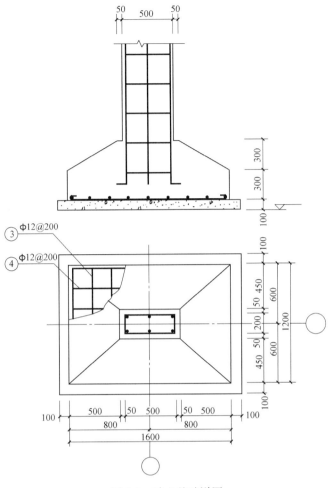

图 9-5 独立基础详图

9.3 结构平面图

表示房屋上部结构布置的图样，叫结构布置图。在结构布置图中，采用最多的是结构平面图的形式。

楼层结构平面布置图是假想沿楼板面将房屋水平剖开后所作的楼层结构水平投影图，用来表示各楼层的梁、板、柱、墙等承重构件的平面布置，以及它们之间的结构关系，为现场安装或制作构件提供施工依据。一般包括楼层结构平面图、顶层结构平面图。屋顶结构平面图与楼层结构平面图基本相同，因排水需要，须注明坡度的设置，同时还有天沟、上人孔、天窗、屋顶水箱等。这里仅介绍民用建筑的楼层结构平面布置图。

9.3.1 结构平面图的主要内容

结构平面图的主要内容概括如下：

1. 图名、比例；

2. 定位轴线及其编号，并且要与相应的建筑平面图相一致；

3. 下层承重墙和门窗洞的布置，本层柱子的位置；

4. 楼层或屋顶结构构件的平面布置，如各种梁（楼面梁、屋面梁、雨篷梁、阳台梁、门窗过梁、圈梁等）、楼板（或屋面板）的布置和代号等；

5. 轴线尺寸和构件定位尺寸（含标高尺寸）；

6. 附有有关屋架、梁、板等与其他构件连接的构造图；

7. 施工说明等。

9.3.2 结构平面图的画法要求

1. 楼梯间的结构布置一般在楼层结构平面图中不予表示，而用较大比例（如 1：50）单独画出楼梯结构平面图。

2. 为了画图方便，习惯上可把楼板下的不可见墙身线和门窗洞位置线（应画虚线）改画成细实线。各种梁（如楼面梁、雨篷梁、阳台梁、圈梁和门窗过梁等）用粗点画线表示它们的中心线位置。

3. 预制楼板的布置不必按实际投影分块画出，而简化为一条细对角实线来表示楼板的布置范围，并沿着对角线方向注写预制楼板的块数和型号。

4. 构件一般应画出其轮廓线，如能表示清楚时，也可用单线表示。

5. 钢筋混凝土柱在结构平面图中一般以涂黑表示，并标以代号。

6. 对多层建筑，一般应分层绘制。在楼层结构中，当底层地面直接做在地基上（无架空层）时，它的地面层次、做法和用料在建筑图（如明沟、勒脚详图）中表明，无需再画底层结构平面图。当各层结构平面布置相同时，可只画出标准层结构平面图。

7. 图中应标注出各轴线间尺寸和轴线总尺寸，还应标明有关承重构件的平面尺寸，如雨篷和阳台的外挑尺寸、雨篷梁和阳台梁伸进墙内的尺寸、楼梯间两侧横墙的外伸尺寸和局部现浇板的宽度尺寸等。

此外，结构平面图还必须注明各种梁、板的结构底面标高，作为安装或支模的依据。梁、板的底面标高可以注写在构件代号后的括号内，也可以用文字作统一说明。

9.3.3 楼层结构平面图的识读示例

对于钢筋混凝土结构的房屋楼板通常有现浇板和预制板两种，下面结合实例分别举例说明。

1. 现浇混凝土楼板的结构平面图识读

图 9-6 所示是某住宅二层结构平面布置图，图中虚线为不可见的构件轮廓线。从图中可以看出，此房屋是一幢带有异形柱（在轴①和轴⑪的角点处）和扁柱的框架结构，以轴⑥为中线左右对称分为两个单元（户）。图中涂黑部分是钢筋混凝土柱，根据它的尺寸及配筋情况，分别编号为 Z1（200×400，200×400）、Z2（200×500）和 Z3（200×600）。沿轴线在柱与柱之间是框架梁 KL（图中多用虚线画出）。如轴④处的框架梁 KL4 共有四跨：KL4-1 支承在轴的 Z2 和轴⑬的 Z3 上，断面尺寸为 200×500；KL4-2（200×400）支承在轴Ⓑ的 Z3 和轴Ⓒ的 KLC-2 上；KL4-3（200×400）支承在 KLC-2 和轴①的 KLD-2

上；另外，轴④以南是悬挑梁，编号为 KL4-P（200×400）。轴⑤至轴⑦处为楼梯间，另有结构详图，这里只用细实线画出交叉对角线。每一单元的楼板被梁分隔为 12 块，分别编号为 B1～B12。以上的柱、梁和板的位置和编号，只标注在住宅的左半部分。值得注意的是，一般的板面标高为 H（即该楼层的结构标高），而 B6 和 B9 是卫生间，板面标高为 $H-0.300$，即下沉 0.3m 以便安装卫生洁具。而前后阳台的 B11 和 B12，板面标高为 $H-0.050$，比房间地面低 50mm，防止阳台地面的水流入房间。板面标高和板的配筋情况，在图 9-6 中只标注在住宅的右半部分。

图中画出了板 B1、B2 和 B11 的钢筋配置情况。B1 为双向板，有两方向受力钢筋：东西向配置 $\phi 8@150$，即每隔 150mm 放置一根 $\phi 8$ 钢筋，筋端弯钩向上；南北向配置 $\phi 8@200$，即每隔 200mm 配置一根 $\phi 8$ 钢筋，弯钩也是向上。另在板边配置面筋 $\phi 8@200$，长 900。两板（B1 和 B2）之间配面筋 $\phi 8@120$，长 1800。B2 为单向板，只画出东西向的受力筋 $\phi 10@150$。南北向为分布筋，它的尺寸及配置情况在结构总说明中注明，不必在此标注。B11 也是单向板，受力筋 $\phi 8@200$ 南北向配置，板边也配有面筋 $\phi 8@200$，长 500mm。

2. 预制混凝土楼板的结构平面图识读

图 9-7（a）是某培训大楼的二层结构平面图，该培训大楼的楼面荷载是通过楼板传递给墙或楼面梁的。走廊板搁置在轴线ⓒ、ⓓ的纵墙和纵梁 L4、L5 上。轴线①～⑤间的宿舍、男厕、盥洗室以及楼梯间楼面部分的楼板都搁置在相邻的横墙上。轴线⑤～⑦间为了获取底层的大空间，中间设一钢筋混凝土承重柱，并在纵、横方向布置楼面梁 L1 和 L3，楼板则搁置在横墙和横梁 L3 上。轴线⑤～⑦之间的二层平面用砖墙分隔成宿舍、走廊和会议室，砖墙砌筑在梁的顶面上。为了承受二层会议室与走廊间的半砖隔墙的重量，在轴线上再加设纵梁 L2。出入口雨篷由外挑雨篷梁 YPL2A、YPL4A、YPL2B 和雨篷板 YPB1 组成，阳台由阳台梁 YTL1 和外挑阳台板 YTB 组成。此外，为了加强房屋的整体刚度。在各层楼板和屋面板下的砖墙中均需设置一道钢筋混凝土圈梁（QL，QLA）以及门窗洞上过梁 YGL（YGL209，YGL215 等）。

为了进一步阅读某培训大楼的二层结构平面图，现把该层楼面的各种梁、板、柱的名称、代号和规格说明如下：

L——现浇楼面梁（L1，L2 为矩形断面 240×600；L3 为十字形断面（花篮梁）；L4 为矩形断面 240×350；L5 为矩形断面 240×300；L6 为矩形断面 240×200）；

TL——现浇楼梯梁（TL2 为矩形断面 200×300）；

YPL——现浇雨篷梁（YPL1，YPL2B，YPL3A 为矩形断面 240×300；YPL2，YPL3 为矩形断面 240×370；YPL4 为矩形断面 240×400；YPL2A，YPL4A 为矩形变截面梁 240×200～300）；

YTL——现浇阳台梁（YTL1 为矩形断面 240×450；YTL2，YTL3 为矩形断面 240×370）；

QL，QLA——现浇圈梁（QL 为矩形断面 240×160；QLA 为山墙缺口圈梁），详见图 9-7（b）所示。当圈梁与其他梁（如雨篷梁、阳台梁等）的平面位置重叠时，则应连接拉通。

YGL——预制门窗过梁。

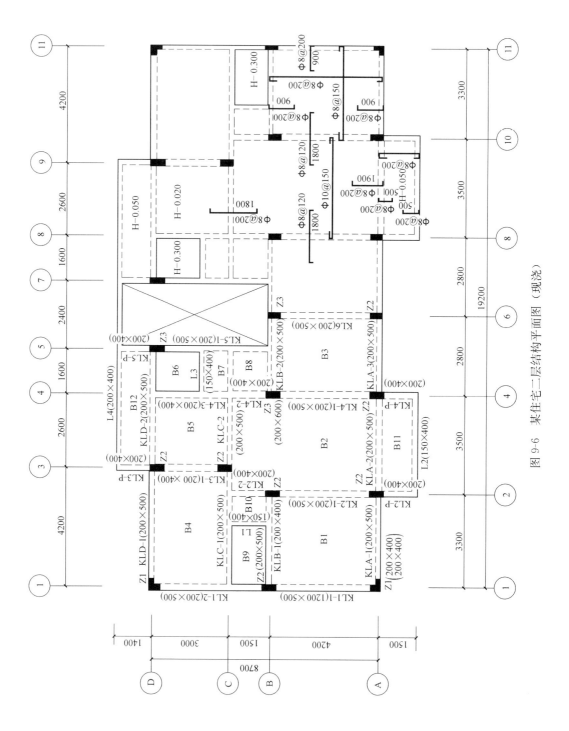

图 9-6 某住宅二层结构平面图（现浇）

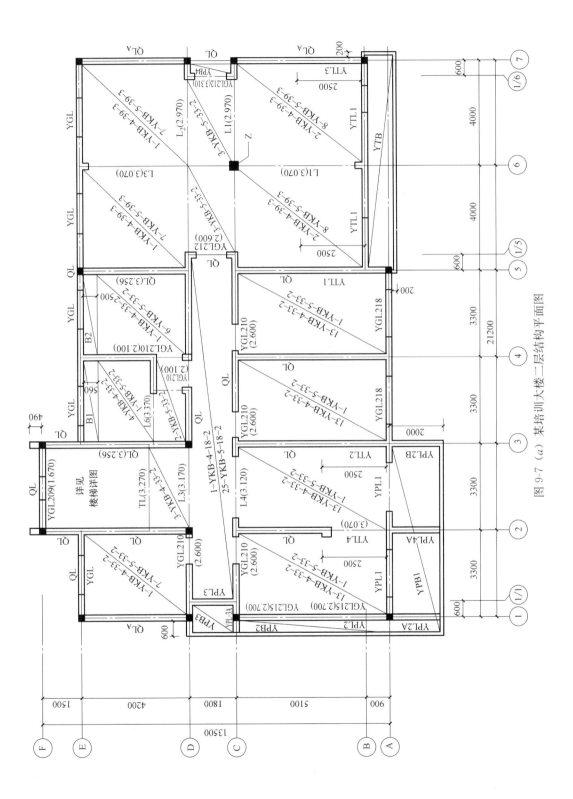

图 9-7 (a) 某培训大楼二层结构平面图

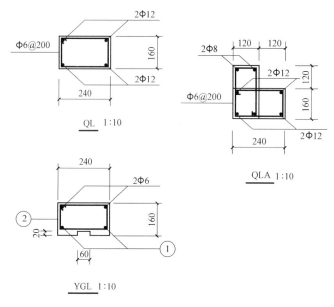

YGL			
型号	梁长L	受力筋①	箍筋②
YGL209	1100	2Φ10	Φ6@150
YGL210	1500	2Φ10	
YGL212	1700	2Φ10	Φ6@200
YGL215	2000	2Φ10	
YGL218	2300	2Φ10	Φ11@200

现浇圈梁QL、QL$_A$的梁底标高除图中括号内注明外，其余均为3.285；现浇雨篷梁YPL的梁底标高除图中括号内注明外。其余均为3.100；阳台梁YTL的梁底标高均为3.100。

当YPL、YTL的位置与圈梁重叠时，则应与圈梁拉通。预应力多孔板YKB的板底标高除厕所、盥洗部分为3.425外。其余均为3.445。

雨篷板YPB的板底标高为3.100。

阳台板YTB的板底标高为3.440。

图 9-7 (b) 现浇圈梁

YKB——预制预应力多空板。如：

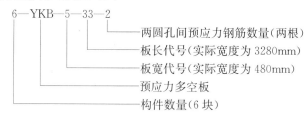

板宽代号用数字 4、5、6、8、9、12 表示，它们分别表示板的名义宽度为 400、500、600、800、900 和 1200mm，而板的实际宽度比名义宽度减小 20mm；

　　YPB——现浇雨篷板（YPB1、YPB2、YPB3 板厚均为 90mm）；

　　YTB——现浇阳台板（上坡变截面板，板厚为 100～120mm）；

　　　Z——现浇柱（二层为 250mm×250mm 正方形断面）；

　　GZ——构造柱（断面均为 240mm×240mm）。

9.4　结构详图

结构布置图只表示出建筑物各承重构件的布置情况，至于它们的形状、大小、构造和连接情况等则需要分别画出各承重构件的结构详图来表示。

钢筋混凝土构件有定型构件和非定型构件两种。定型的预制构件或现浇构件可直接引用标准图或本地区的通用图，只要在图纸上写明选用构件所在的标准图集或通用图集的名称、代号，便可查到相应的结构详图，因而不必重复绘制。自行设计的非定型预制构件或现浇构件，则必须绘制结构详图。

9.4.1 钢筋混凝土构件结构详图的主要内容

钢筋混凝土构件结构详图的主要内容概括如下：

1. 构件代号（图名），比例；
2. 构件定位轴线及其编号；
3. 构件的形状、大小和预埋件代号及布置（模板图），当构件的外形比较简单、又无预埋件时，可只画配筋图来表示构件的形状和钢筋配置；
4. 梁、柱的结构详图通常由立面图和断面图组成，板的结构详图一般只画它的断面图或剖面图，也可把板的配筋直接画在结构平面图中；
5. 构件外形尺寸、钢筋尺寸和构造尺寸以及构件底面的结构标高；
6. 各结构构件之间的连接详图；
7. 施工说明等。

9.4.2 钢筋混凝土结构详图的画法要求

1. 一般情况下主要绘制配筋图，对较复杂的构件才画出模板图和预埋件详图。
2. 配筋图中的立面图，是假想构件为一透明体而画出的一个纵向正投影图。它主要表明钢筋的立面形状及其上下排列的情况，而构件的轮廓线（包括断面轮廓线）是次要的。所以前者用粗实线表示，后者用细实线表示。在图中，箍筋只反映出其侧面（一根线），当它的类型、直径、间距均相同时，可只画出其中一部分。
3. 配筋图中的断面图，是构件的横向剖切投影图，表示钢筋的上下和前后排列、箍筋的形状及与其他钢筋的连接关系。一般在构件断面形状或钢筋数量和位置有变化之处，都需画一断面图（但不宜在斜筋段内截取断面）。图中，钢筋的横断面用黑圆点表示，构件轮廓线用细实线表示。
4. 立面图和断面图都应注出相一致的钢筋编号及留出规定的保护层厚度。
5. 当配筋较复杂时，通常在立面图的正下（或上）方用同一比例画出钢筋详图。同一编号的钢筋只画一根，并详细注出它的编号、数量（或间距）、类别、直径及各段的长度与总尺寸。对简单的构件，钢筋详图不必画出，可在钢筋表用简图表示。

9.4.3 钢筋混凝土梁识读示例

如图 9-8 所示，为 202（150×300）号梁的配筋图，断面尺寸是宽 150mm、高 300mm。读图时先看立面图和断面图，后看钢筋详图和钢筋表。对照阅读立面图和断面图，可知此梁为矩形断面的现浇梁，楼板厚 100mm，梁两端支承在砖墙上。梁长为 3840mm，梁下方配置了三根受力筋，其中在中间的②号筋为弯起筋。从它们的标注 Φ14 可知，它们是直径为 14mm 的 HPB300 钢筋。①号筋与②号筋虽然直径、类别相同，但因形状不同，尺寸不一，故分别编号。从 1—1 断面可知梁上方有两根架立筋③，直径是 10mm 的 HPB300 钢筋。同时，也可知箍筋④的立面形状，它是直径为 8mm 的 HPB300 钢筋，每隔 200mm 放置一个。

立面图下方是钢筋详图，详细画出每种钢筋的编号、根数、直径、各段设计长度和总尺寸（下料长度）以及弯起角度，方便下料加工。通常梁高小于 800mm 时弯起角度为 $45°$，大于 800mm 时用 $60°$。但近年来考虑抗震要求，已大多采用在支座处放置面筋和支座边加密钢箍以代替弯起钢筋。

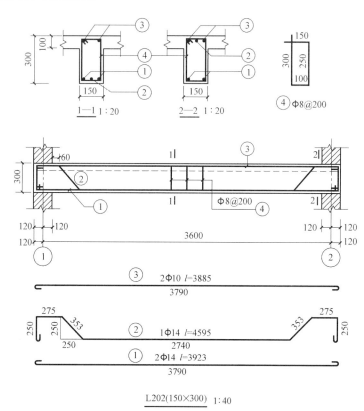

图 9-8　现浇钢筋混凝土梁配筋图

图 9-8 中，①号筋下面的数字 3790，表示该钢筋从一端弯钩外沿到另一端弯钩外沿的设计长度，它等于梁的总长减去两端保护层的厚度。钢筋上面的 $l = 3923$，是该钢筋的下料长度，它等于钢筋的设计长度加上两端弯钩扳直后（$2 × 6.25φ$）减去其延伸率（$2 × 1.5φ$）所得的数值。②号筋的弯起角度以直角三角形两直角边的长度（250，250）表示。数值 250 是指钢筋的外皮尺寸，而④号钢箍各段长度应指钢箍里皮尺寸。

此外，为了便于编造施工预算，统计用料，通常还列出钢筋表，说明构件的名称、数量、钢筋规格、钢筋简图、直径、长度、数量、总数量、总长和重量等，如表 9-3 所示。

钢筋表

表 9-3

构件名称	构件数	钢筋编号	钢筋规格	简　图	长度（mm）	每件根数	总长度（m）	重量累计（kg）
L202	3	①	φ14		3923	2	23.538	28.6
		②	φ14		4595	1	13.785	16.7
		③	φ10		3885	2	23.310	14.4

114

构件 名称	构件数	钢筋 编号	钢筋 规格	简　　图	长度 (mm)	每件 根数	总长度 (m)	重量累 计(kg)
L202	3	④	Φ8		800	20	48.000	18.8

9.4.4　钢筋混凝土柱识读示例

图 9-9 是现浇钢筋混凝土柱（Z）的立面图和断面图。该柱从柱基起直通四层楼面。底层柱为正方形断面 350mm×350mm。受力筋为 4Φ22（见 3—3 断面），下端与柱基插铁搭接，搭接长度为 1100mm；上端伸出二层楼面 1100mm，以便与二层柱受力筋 4Φ22（见 2—2 断面）搭接。二、三层柱为正方形断面 250mm×250mm。二层柱的受力筋上端伸出三层楼面 800mm 与三层柱的受力筋 4Φ16（见 1—1 断面）搭接。受力筋搭接区的箍筋间距需适当加密为 Φ6@100；其余箍筋均为 Φ6@200。

在柱（Z）的立面图中还画出了柱连接的二、三层楼面梁 L_3 和四层楼面梁 L_8 的局部（外形）立面。因搁置预制楼板（YKB）的需要，同时也为了提高室内梁下净空高度，把楼面梁断面做成十字形（俗称花篮梁），其断面形状和配筋如图 9-9 左侧所示。

9.4.5　楼梯结构详图

钢筋混凝土结构楼梯有现浇和预制两类，结构形式又可分为板式、梁式、悬挑式等。

楼梯结构详图主要表示楼梯的类型、结构形式、有关尺寸及踏步、栏杆装修做法。对于简单的楼梯，建筑图与结构图可以合并绘制，一般楼梯，建筑图与结构图往往分开绘制。结构图即楼梯结构详图，由各层楼梯平面图和楼梯剖面图组成。

1. 楼梯结构平面图

楼层结构平面图中虽然也包括了楼梯间的平面位置，但因比例较小，不易把楼梯构件的平面布置和详细尺寸表达清楚，而底层又往往不画底层结构平面图。因此楼梯间的结构平面图通常需要用较大的比例另行绘制。

楼梯结构平面图的图示要求与楼层结构平面图基本相同，它也是用水平剖面图的形式来表示的，但水平剖切位置有所不同。为了表示楼梯梁、梯段板和平台板的平面布置，通常把剖切位置放在层间楼梯平台的上方。楼梯结构平面图应分层画出，当中间几层的结构布置和构件类型完全相同时，则只要画出一个标准层楼梯平面图。在平面图中，梯段板的折断线按投影法理应与踏步线方向一致，为避免混淆，按制图标准规定画成倾斜方向。

楼层结构平面图的主要内容：

（1）楼梯间的墙身厚度，定位轴线及编号；

（2）斜梁、平台梁的布置及代号；

（3）梯段板、平台板的规格尺寸或现浇板的厚度；

（4）平台板、楼板结构面标高；

（5）楼梯垂直剖面的剖切线及编号（其剖切符号，通常只在底层结构平面图中画出）。

图 9-10 是某四层房屋的楼梯结构平面图，图中标注了各承重构件如楼梯梁（TL1、

TL2、TL3)、楼梯板（TB1、TB2)、平台板（YKB)和窗过梁（YGL)的代号、平面尺寸，还注出了各种梁底、板底的标高。

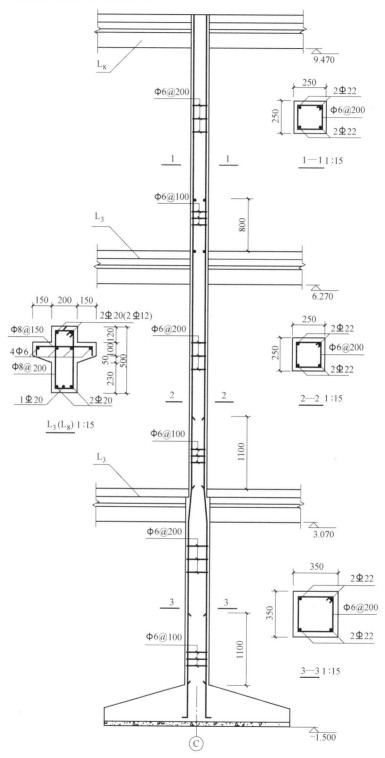

图 9-9　钢筋混凝土柱结构详图（1：30）

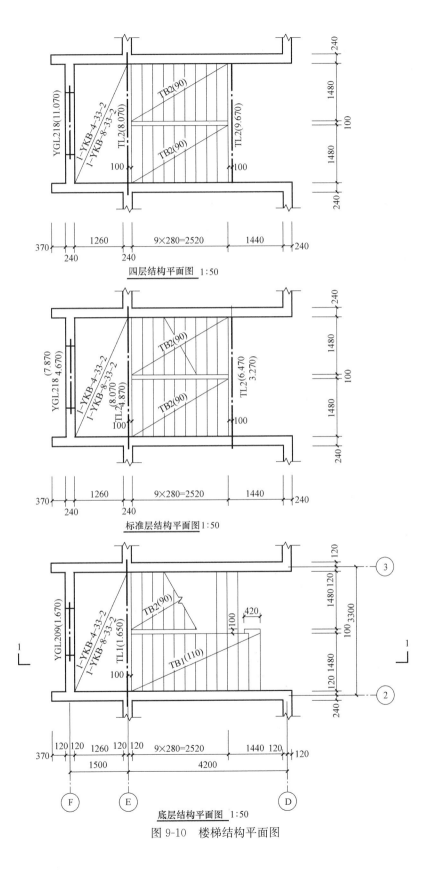

四层结构平面图 1:50

标准层结构平面图 1:50

底层结构平面图 1:50

图 9-10　楼梯结构平面图

117

2. 楼梯结构剖面图

楼梯的结构剖面图是表示楼梯间的各种构件的竖向布置和构造情况的图样。楼梯结构剖面图的主要内容：

（1）楼梯结构构件的竖向布置和相互连接关系；

（2）平台梁、平台板及各楼层面结构的标高；

（3）踏步板（楼梯段）断面尺寸及配筋；

（4）斜梁、平台梁的断面尺寸及配筋。

图 9-11 为图 9-10 所示四层房屋的楼梯结构剖面图，由楼梯结构平面图中所画出的 1—1 剖切线的剖视方向而得到的楼梯 1—1 剖面图。它表明了剖切到的梯段（TB1、TB2）

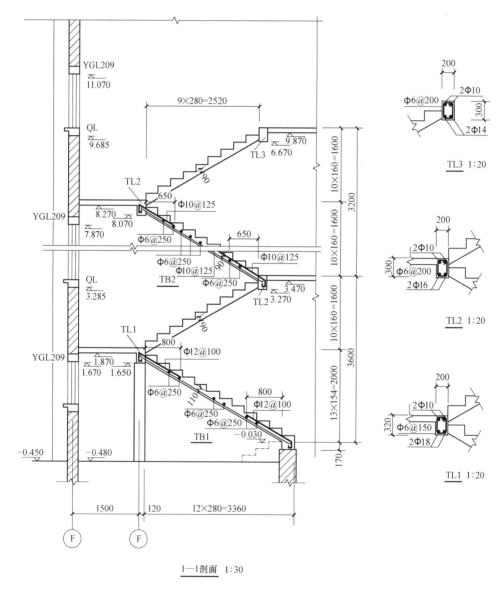

图 9-11　楼梯结构剖面图

的配筋、楼梯基础墙、楼梯梁（TL1、TL2、TL3）、平台板（YKB）、部分楼板、室内外地面和踏步以及外墙中窗过梁（YGL）和圈梁（QL）等的布置，还表示出未剖切到梯段的外形和位置。与楼梯平面图相类似，楼梯剖面图中的标准层可利用折断线断开，并采用标注不同标高的形式来简化。

9.5 混凝土结构施工图平面整体表示方法

2011年9月1日，住房和城乡建设部批准由中国建筑标准设计研究所修订和编制的《混凝土结构施工图平面整体表示方法制图规则和构造详图（现浇混凝土框架、剪力墙、梁、板)》11G101-1，《混凝土结构施工图平面整体表示方法制图规则和构造详图（现浇混凝土板式楼梯)》11G101-2，《混凝土结构施工图平面整体表示方法制图规则和构造详图（独立基础、条形基础、筏形基础及桩基承台)》11G101-3等图集，替代原（03G101-1、04G101-4、03G101-2、04G101-3、08G101-5、06G101-6）等图集，作为新的国家建筑标准设计图集在全国使用。

建筑结构施工图平面整体表达方法，简称"平法"制图。其表达形式，是把结构构件的尺寸和配筋等整体直接表达在各类构件的结构平面布置图上，再与标准构造详图相配合，即构成一套新型完整的结构设计施工图。它改变了传统的将构件从结构平面布置图中索引出来，再逐个绘制配筋详图的繁琐方法，大大简化了绘图过程，并节省图纸量约1/3。

9.5.1 平法制图的适用范围与表达方法

平法制图适用于各种现浇混凝土结构的梁、板、柱、剪力墙、楼梯、基础等构件的结构施工图。

在结构平面图上表示各构件尺寸和配筋的方式，有平面注写方式、列表注写方式和截面注写方式三种，针对现浇混凝土结构中的梁、板、柱、剪力墙、楼梯、基础等构件，分别有梁平法施工图、板平法施工图、柱平法施工图、剪力墙平法施工图、楼梯平法施工图、基础平法施工图等几类。

现以梁平法施工图为例，介绍其平面整体表达方法。其他构件的平面表达方法，请参阅有关图集。

9.5.2 梁平法施工图

梁平法施工图是将梁按一定规则编写代号，并将各种代号的梁的配筋直径、数量、位置和代号注写在梁平面布置图上。表达方法有平面注写方式和截面注写方式两种。

1. 平面注写方式

平面注写方式，是在梁平面布置图上，分别在不同编号的梁中各选一根梁，在其上注写截面尺寸和配筋的具体数值，如图9-12所示。

平面注写方式包括集中标注与原位标注，集中标注表达梁的通用数值，原位标注表达梁的特殊数值。当集中标注中的某项数值不适用于梁的某部位时，则将该项数值原位标

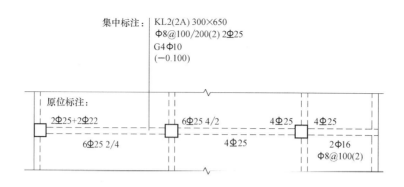

图 9-12　平面注写方式

注,原位标注取值优先。

（1）集中标注

梁集中标注主要包含六项内容：梁编号、梁截面尺寸、梁箍筋、梁上部通长筋或架立筋、梁侧面纵向构造钢筋或受扭钢筋以及梁顶面标高高差。其中,前五项为必注值,最后一项为选注值。

1）梁编号

梁编号通常由梁类型代号、序号、跨数及有无悬挑代号几项组成,其含义见表 9-4 所示。

梁编号　　　　　　　　　　　　　　　　　　　　　　　表 9-4

梁类型	代号	序号	跨数及是否带有悬挑	备注
楼层框架梁	KL			
屋面框架梁	WKL			
框支梁	KZL	××	$(\times\times)$、$(\times\times A)$ 或 $(\times\times B)$	$(\times\times A)$ 为一端有挑梁,$(\times\times B)$ 为两端有挑梁,悬挑不计入跨数。
非框架梁	L			
井字梁	JZL			
悬挑梁	XL			

2）梁截面尺寸

当为等截面梁时,用 $b\times h$ 表示,300×650 表示这根梁宽 300mm,高 650mm；当为加腋梁时,用 $b\times h$ $GYC_1\times C_2$ 表示,其中为 C_1 腋长,C_2 为腋高,如图 9-13 所示；当有悬挑梁且根部和端部高度不同时,用斜线分隔根部与端部的高度。即为 $b\times h_1/h_2$,其中 h_1 为根部高度,h_2 为端部高度,详见图 9-14 所示。

3）梁箍筋

包括钢筋等级、直径、加密区与非加密区的间距及肢数。箍筋加密区与非加密区的不同间距及肢数需用斜线"/"分隔；当梁箍筋为同一种间距及肢数时,则不需用斜线；当加密区与非加密区的箍筋肢数相同时,则

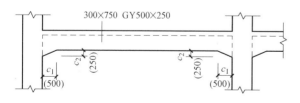

图 9-13　加腋梁截面尺寸注写方式

120

将肢数注写一次；箍筋肢数应写在括号内。加密区范围见相应抗震等级的标准构造详图。

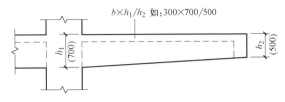

图 9-14 悬挑梁不等高截面尺寸注写方式

如 Φ10@100/200（4），表示箍筋为 HPB300 钢筋，直径为 10mm，加密区间距为 100mm，非加密区间距为 200mm，均为四肢箍。又如 Φ8@100（4）/150（2），表示箍筋为 HPB300 钢筋，直径为 8mm，加密区间距为 100mm，四肢箍；非加密区间距为 150mm，两肢箍。

当抗震设计中的非框架梁、悬挑梁、井字梁，及非抗震设计中的各类梁采用不同的箍筋间距及肢数时，也用斜线"/"将其分隔开来。注写时，先注写梁支座端部的箍筋（包括箍筋的箍数、钢筋级别、直径、间距与肢数），在斜线后注写梁跨中部分的箍筋间距及肢数。

如 13Φ10@150/200（4），表示箍筋为 HPB300 钢筋，直径为 10mm；梁的两端各有 13 个四肢箍，间距为 150mm；梁跨中部分间距为 200mm，四肢箍。又如 18Φ12@150（4）/200（2），表示箍筋为 HPB300 钢筋，直径为 12mm；梁的两端各有 18 个四肢箍，间距为 150mm；梁跨中部分间距为 200mm，双肢箍。

4）梁上部通长筋或架立筋根数和直径

当同排纵筋中既有通长筋又有架立筋时，应用加号"+"将通长筋和架立筋相连。注写时需将角部纵筋写在加号前面，架立筋写在加号后面的括号内，以示不同直径及与通长筋的区别。当全部采用架立筋时，则将其写入括号内。

如 2Φ25，用于双肢箍，表示梁上部有 2 根直径为 25mm 通长的 HRB335 级钢筋；2Φ22＋（2Φ12），用于四肢箍，其中 2Φ22 为通长受力筋，2Φ12 为架立筋；2Φ22＋（4Φ12），用于六肢箍，其中 2Φ22 为通长受力筋，4Φ12 为架立筋。

当梁的上部纵筋和下部纵筋为全跨相同，且多数跨配筋相同时，此项可加注下部纵筋的配筋值，用分号"；"将上部与下部纵筋的配筋值分隔开来，少数跨不同者，以原位标注值为准。

如 3Φ22；3Φ20 表示梁的上部配置 3Φ22 的通长筋，梁的下部配置 3Φ20 的通长筋。

5）梁侧面纵向构造钢筋或受扭纵向钢筋

当梁腹板高度 $h_w \geq 450$mm 时，需配置纵向构造钢筋。纵向构造钢筋以大写字母 G 打头，接续注写设置在梁两个侧面的总配筋值，且对称配置。如 G4Φ12，表示梁的两个侧面共配置 4Φ12 的纵向构造钢筋，每侧各配置 2Φ12。

当侧面需配置受扭纵向钢筋时，以大写字母 N 打头，接续注写设置在梁两个侧面的总配筋值，且对称配置。当配置受扭纵向钢筋后，不再重复配置纵向构造钢筋。如 N6Φ22，表示梁的两个侧面共配置 6Φ22 的受扭纵向钢筋，每侧各配置 3Φ22。

6）梁顶面标高高差

梁顶面标高高差，系指相对于结构层楼面标高的高差值，对于位于结构夹层的梁，则指相对于结构夹层楼面标高的高差。有高差时，需将其写入括号内，无高差时不注。当某梁的顶面高于所在结构层的楼面标高时，其标高高差为正值，反之为负。

如某结构标准层的楼面标高为 44.950m 和 48.250m，当某梁的梁顶面标高高差注写为（-0.050）时，即表示该梁顶面标高分别相对于 44.950m 和 48.250m 低 0.05m。

（2）原位标注

1）梁支座上部纵筋

梁支座上部纵筋的数量、等级和直径，包括上部通长筋，写在梁的上方，且靠近支座。当上部纵筋多于一排时，用斜线"/"将各排纵筋自上而下分开。如梁支座上部纵筋注写为 6Φ25　4/2，则表示上一排纵筋为 4Φ25，下一排纵筋为 2Φ25。

当同排纵筋有两种直径时，用加号"＋"将两种直径的纵筋相连，注写时将角部纵筋写在前面。如梁支座上部纵筋注写为 2Φ25＋2Φ22/3Φ22，表示上一排纵筋为 2Φ25 和 2Φ22，其中 2Φ25 放在角部，下一排纵筋为 3Φ22

当梁中间支座两边的上部纵筋不同时，须在支座两边分别标注；当梁中间支座两边的上部纵筋相同时，可仅在支座的一边标注配筋值，另一边省去不注，如图 9-15 所示。

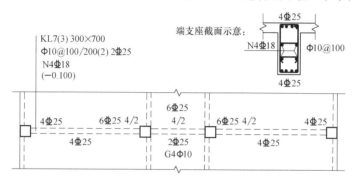

图 9-15　大小跨梁的平面注写方式

2）梁下部纵筋

梁下部纵筋的数量、等级和规格，写在梁的下方，且靠近跨中。当下部纵筋多于一排时，用斜线"/"将各排纵筋自上而下分开。如梁下部纵筋注写为 6Φ25 2/4，则表示上一排纵筋为 2Φ25，下一排纵筋为 4Φ25，全部伸入支座。

当同排纵筋有两种直径时，用加号"＋"将两种直径的纵筋相连，注写时角筋写在前面。如梁下部纵筋注写为 2Φ22/2Φ25＋2Φ22，表示上一排纵筋为 2Φ22，下一排纵筋为 2Φ25 和 2Φ22，其中 2Φ25 放在角部。

当梁下部纵筋不全部伸入支座时，将梁支座下部减少的数量写在括号内。如梁下部纵筋注写为 6Φ25　2（-2）/4，则表示上一排纵筋为 2Φ25，且不伸入支座；下一排纵筋为 4Φ25，全部伸入支座。又如梁下部纵筋注写为 2Φ25＋3Φ22（-3）/5Φ25，表示上一排纵筋为 2Φ25 和 3Φ22，其中 3Φ22 不伸入支座；下一排纵筋为 5Φ25，全部伸入支座。

当梁的集中标注中已经分别注写了梁上部和下部均为通长的纵筋值时，则不需在梁下部重复做原位标注。

当梁设置竖向加腋时，加腋部位下部斜纵筋应在支座下部以 Y 打头注写在括号内。当设置水平加腋时，水平加腋内上、下部斜纵筋应在加腋支座上部以 Y 打头注写在括号内，上、下部斜纵筋之间用斜线"/"分隔。当在多跨梁的集中标注中已注明加腋，而该梁某跨的根部却不需要加腋时，则应在该跨原位标注等截面的 $b×h$，以修正集中标注中的加腋信息，详见图 9-16 所示。

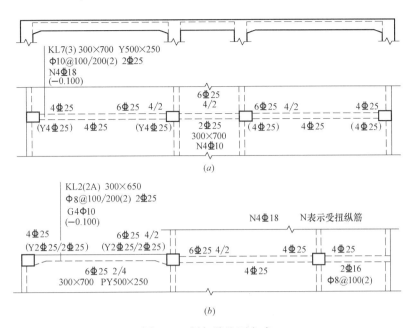

图 9-16 梁加腋注写方式

(a) 梁加腋平面注写方式；(b) 梁水平加腋平面注写方式

3）附加箍筋和吊筋，可将其直接画在平面图的主梁上，并用引线注明配筋值（附加箍筋的肢数注在括号内），当多数附加箍筋或吊筋相同时，可在梁平法施工图上统一注明，少数有变化时，再原位引注，详见图 9-17 所示。

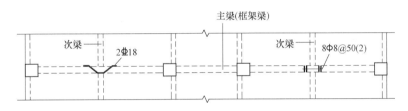

图 9-17 附加箍筋和吊筋的平面注写方式

4）当在梁上集中标注的内容（即梁截面尺寸、箍筋、上部通长筋或架立筋，梁侧面纵向构造钢筋或受扭纵向钢筋，以及梁顶面标高高差中的某一项或几项数值）不适用于某跨或某悬挑部分时，则将其不同数值原位标注在该跨或该悬挑部位，施工时应按原位标注数值取用。

（3）井字梁

井字梁通常由非框架梁构成，并以框架梁为支座（特殊情况下以专门设置的非框架大梁为支座）。在此情况下，为明确区分井字梁与作为井字梁支座的梁，井字梁用单粗虚线表示（当井字梁顶面高出板面时可用单粗实线表示），作为井字梁支座的梁用双细虚线表示（当梁顶面高出板面时可用双细实线表示）。

井字梁系指在同一矩形平面内相互正交所组成的结构构件，井字梁所分部范围称为"矩形平面网格区域"（简称"网格区域"）。当在结构平面布置中仅有由四根框架梁框起的一片网格区域时，所有在该区域相互正交的井字梁均为单跨；当有多片网格区域相连时，贯通多片网格区域的井字梁为多跨，且相邻两片网格区域分界处即为该井字梁的中间支座。对某根井字梁编号时，其跨数为其总支座数减1；在该梁的任意两个支座之间，无论有几根同类梁与其相交，均不作为支座。详见图9-18所示。

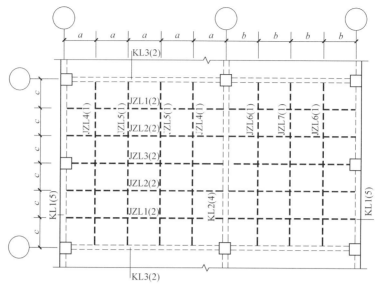

图9-18 井字梁矩形平面网格区域示意

井字梁的注写规则与前述梁集中标注和梁原位标注的规则一致，除此之外，还应注明纵横两个方向梁相交处同一层面钢筋的上下交错关系（指梁上部或下部的同层面交错钢筋何梁在上何梁在下），以及在该相交处两方向梁箍筋的配置要求。

井字梁的端部支座和中间支座上部纵筋的伸出长度 a_0 值，应在原位加注具体数值予以说明。当采用平面注写方式时，则在原位标注的支座上部纵筋后面括号内加注具体伸出长度值。详见图9-19所示。

如贯通两片网格区域采用平面注写方式的某井字梁，其中间支座上部纵筋注写为6Φ25 4/2（3200/2400），表示该位置上部纵筋设置两排，上一排纵筋为4Φ25，自支座边缘向跨内伸出长度3200mm；下一排纵筋为2Φ25，自支座边缘向跨内伸出长度为2400mm。

图9-19 井字梁平面注写方式

注：本图仅示意井字梁的注写方法，未注明截面几何尺寸 b×h，支座上部纵筋伸出长度，以及纵筋与箍筋的具体数值

当为截面注写方式时，则在梁端截面配筋图上注写的上部纵筋后面括号内加注具体伸出长度值，如图9-20所示。

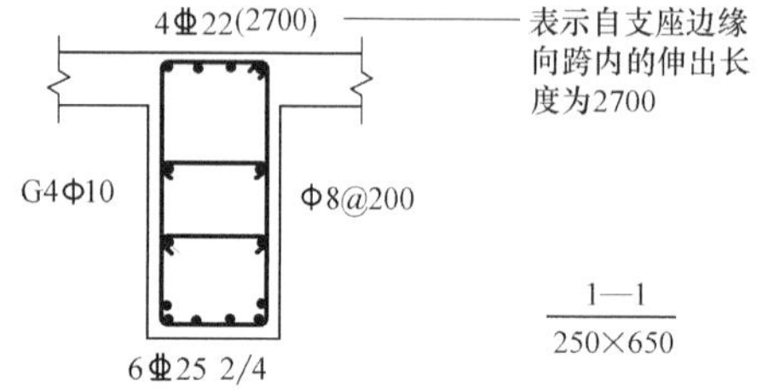

图9-21为梁平法施工图平面注写方式的实例。

图9-20 井字梁截面注写方式

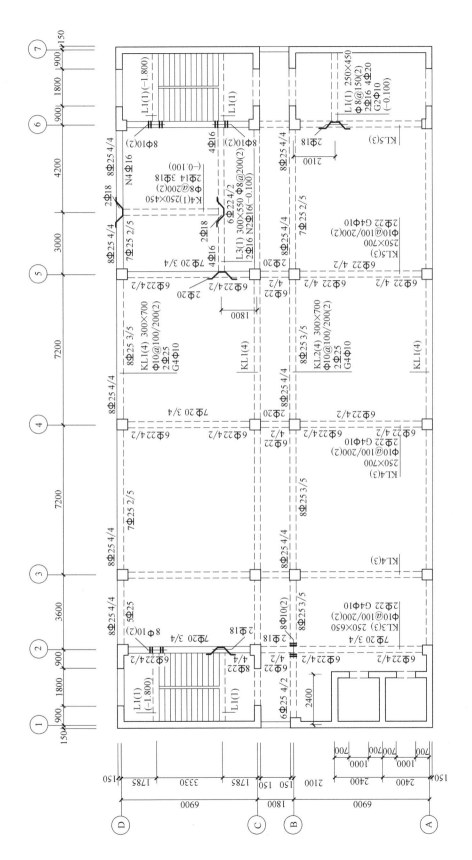

图 9-21　梁平法施工图平面注写方式

125

2. 截面注写方式

截面注写方式，系在分标准层绘制的梁平面布置图上，分别在不同编号的梁中各选一根梁用剖面号引出配筋图，并在其上注写截面尺寸和配筋具体数值的方式来表达梁平法施工图。

对所有梁进行编号后，从相同编号的梁中选择一根梁，先将"单边截面号"画在该梁上，再将截面配筋详图画在本图或其他图上。当某梁的顶面标高与结构层的楼面标高不同时，尚应继其梁编号后注写梁顶面标高高差（注写规则与平面注写方式相同）。

在截面配筋详图上注写截面尺寸 $b \times h$、上部筋、下部筋、侧面构造筋或受扭筋以及箍筋的具体数值时，其表达形式与平面注写方式相同。

截面注写方式既可以单独使用，也可与平面注写方式结合使用。图 7-22 为应用截面注写方式表示的梁平面施工图。

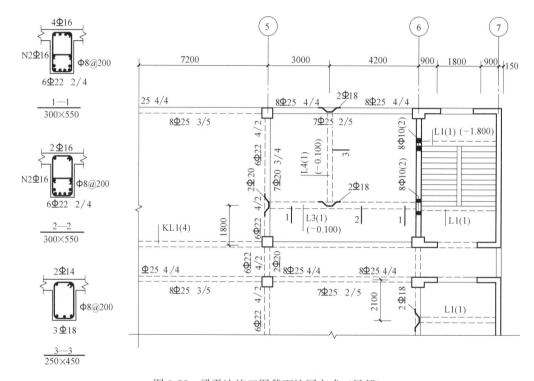

图 9-22　梁平法施工图截面注写方式（局部）

对不同类型的梁、柱按规则进行编号后，则不同类型的梁、柱构造可与"平法"标准中的规定、标准构造详图建立对应关系，如支座钢筋伸出长度、支座节点构造等采用相应的规定或构造详图即可符合现行国家规范、规程。对于标准中未包括的特殊构造、特殊节点构造应由设计者自行设计绘制。

复习思考题

1. 结构施工图应包括哪些内容？其作用是什么？

2. 基础平面图是如何形成的？它有什么作用？

3. 基础详图的作用是什么？

4. 楼层结构平面图是如何形成的？现浇钢筋混凝土楼板与预制钢筋混凝土楼板应如何表示？

5. 钢筋混凝土构件详图应包括哪些内容？各自作用如何？

6. 楼梯结构平面图是如何形成的？与楼层结构平面图的形成有何不同？

7. 什么是结构施工图平面整体表示方法？其适用范围是什么？

8. 在梁平面整体配筋图上钢筋的注写方法有哪两种？各表达什么内容？

第10章　计算机绘图简介

　　随着计算机技术的不断发展，使工程技术人员摆脱传统的手工绘图方式的愿望得以实现。使用计算机技术来辅助绘图，不仅使成图方式发生了革命性的变化，也是设计过程的一次革命。

　　计算机辅助绘图的方式之一，是使用现成的软件包内设计好的一系列绘图命令进行绘图。目前国内外工程上应用较为广泛的绘图软件是 AutoCAD，它是美国 Autodesk 公司开发的一个交互式图形软件系统。该系统自 1982 年问世以来，经过 30 多年的应用、发展和不断完善，版本几经更新，功能不断增强，已成为目前最流行的图形软件之一，可以借助它绘制二维图形和三维图形、渲染图形及打印图纸等，容易掌握、使用方便、适应性广。本章主要介绍该公司 AutoCAD2013 中文版绘图软件的使用。

10.1　绘图软件的主要功能

10.1.1　AutoCAD 的作用

　　总体说来，AutoCAD 软件具有如下主要功能：

1. 绘制图形功能

用户可以使用 AutoCAD 的"绘图"和"修改"工具绘制二维、三维图形；

2. 标注尺寸功能

软件提供了完整的尺寸标注和编辑命令，用户可以使用它们进行线性、半径和角度的标注，以及进行水平、垂直、对齐、旋转、基线和连续等标注；

3. 图形的渲染功能

用户可以运用几何图形、光源和材质，将模型渲染为具有真实感的图像；

4. 图形的打印和输出功能

绘制的图形可以使用多种方法输出，用户可以将图形打印在图纸上，或创建成文件以供其他应用程序使用；

5. 系统的二次开发功能

通过系统自有的 Lisp 语言（Visual Lisp）和图形数据转换接口（DXF 或 IGES），使 AutoCAD 能更有效地为用户服务。

10.1.2　AutoCAD 的界面

1. AutoCAD 的启动

软件安装完毕后，一般会自动在桌面上建立快捷图标。双击该图标，即可快速启动

AutoCAD2013。

用户还可以选择"开始"→"程序"→"Autodesk→"AutoCAD 2013"命令"。

2. AutoCAD 的界面

启动 AutoCAD 2013 后，进入默认的工作空间，出现的界面如图 10-1 所示。该空间提供了十分强大的功能区，界面主要由菜单浏览器、快速访问工具栏、功能区、菜单栏、工具栏、绘图区、命令窗口和状态栏等组成。

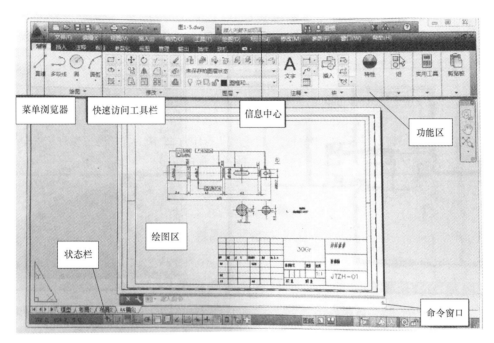

图 10-1　AutoCAD2013 界面

（1）菜单浏览器："菜单浏览器"在 AutoCAD 2013 版本中又被称为"应用程序菜单"，它包含了常用的命令，如"新建"、"打开"、"保存"等命令。

（2）快速访问工具栏：AutoCAD2013 设计了快速访问工具栏，位于窗口的顶部，快速访问工具栏用于存储经常访问的命令，其中的默认命令按钮包括"新建"、"打开"、"保存"、"打印"等。

（3）功能区：功能区是和工作空间相关的，不同工作空间用于不同的任务种类，不同工作空间的功能区内的面板和控件也不尽相同。与当前工作空间相关的操作都简洁地置于功能区中。使用功能区时，无须显示多个工具栏，它通过紧凑的界面使应用程序显得简洁有序，同时使可用的工作区域最大化。

功能区由多个选项卡和面板组成，每个选项卡包含一组面板，如图 10-2 所示。通过切换选项卡，可以选择不同功能的面板，比如，"注释"选项卡所集成的面板如图 10-3 所示。选项卡中的面板可以通过拖动其标题栏来改变位置或者变为浮动状态。

默认状态下，功能区位水平显示，位于窗口的顶部。可通过拖动，将其垂直显示或显示为浮动选项板。

（4）菜单栏：菜单栏位于窗口顶部，提供了"文件"、"编辑"、"视图"、"插入"、"格

图 10-2 "草图与注释"工作空间的功能区

图 10-3 "注释"选项卡所集成的面板

式"、"工具"、"绘图"、"标注"、"修改"、"参数"、"窗口"和"帮助"等 12 个菜单，用户通过它几乎可以使用软件的所有功能，如图 10-4 所示。

图 10-4 菜单栏

（5）工具栏：在使用 AutoCAD 进行绘图时，除了使用菜单外，大部分命令可以通过工具栏来执行。在 AutoCAD2013 中，只需将鼠标指针移至工具栏中的按钮上，即会显示该按钮的提示信息。它具有简明、便捷的特点，是最常用的执行命令方式。

要打工具栏，可在菜单栏中选择"工具"→"工具栏"→AutoCAD 命令，然后选择要显示的工具栏。

常用的工具栏有"标准"、"绘图"、"修改"和"样式"等，如图 10-5 所示。

（6）绘图区：界面上最大的空白窗口是"绘图区"，用户可在绘图区绘制图形。当鼠标移至绘图区内时，出现了十字光标，是作图定位的主要工具。

（7）命令窗口：绘图区的下方是"命令窗口"，主要由历史命令部分与命令行组成，它同样具有可移动特征。用户可以在命令窗口从键盘上输入命令信息，从而进行相关的操作，其效果与使用菜单及工具按钮相同，是 AutoCAD 中执行操作的另一种方法。

（8）状态栏：状态栏位于界面的最底端，主要用于显示出当前光标的三维坐标和绘图辅助工具的运行状态，如捕捉（Snap）、栅格（Grid）、正交（Ortho）、对象捕捉（Os-

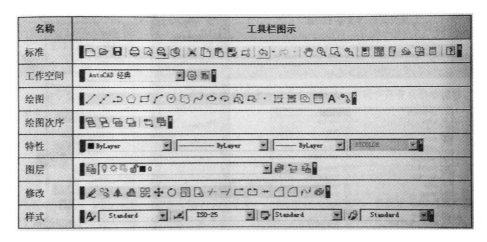

图 10-5　常用工具栏

nap) 等。这些均是开关切换按钮，鼠标单击这些按钮即可将其激活。

10.1.3　AutoCAD 的基本操作

1. 命令的输入

（1）键盘输入

在命令提示符后面，直接用键盘输入命令，然后按空格键或回车键。但在输入字符串时，只能用回车键结束命令。

（2）菜单输入

单击菜单名，打开菜单，选择所需命令，单击该命令。

（3）图标按钮输入

鼠标移至某图标，会自动显示图标名称，单击该图标。

由于菜单输入和图标按钮输入很方便，而键盘输入命令是最基本的输入方法。为此，后面的介绍采用键盘输入为主，并指出菜单输入的路径。

（4）重复输入

在"命令："提示符时，按回车键或空格键，可重复上一个命令。

2. 数据的输入

（1）坐标的输入方法

1）绝对坐标，即从键盘输入 x，y 值，用逗号把 x 和 y 隔开。如4，5。

2）相对坐标，表示相对于当前点的距离，即在相对坐标前加@，如当前点的坐标（14，8），输入@2，1，表示输入点的绝对坐标是（16，9）。

3）极坐标，用距离和角度表示输入点的相对坐标，输入的形式为@距离＜角度，如@2＜15，表示输入点距上一点的距离为2，输入点和上一点的连线与 X 轴正向间的夹角为 15°。

（2）角度的输入

以度为单位，以逆时针方向为正，顺时针方向为负；角度的大小与输入点的顺序有关，缺省规定第一点为起点，第二点为终点，起点和终点的连线与 X 轴正向的夹角为角度值。

3. 保存图形文件

功能：把当前编辑的图形文件存盘，可继续绘图，以免受到突然事故（死机、断电等）的影响。有两种方式。

(1) 单击菜单浏览器 → ［保存］（Save）；或 ［文件］（File）→ ［另存为］（Save as）。

(2) 命令：Save；

4. 打开原有文件［打开］（Open）

功能：打开已有的图形文件，继续绘制或编辑图形文件。

(1) 单击菜单浏览器 → ［打开］（Open）。

(2) 命令：Open

5. 关闭 AutoCAD 2013 文件

功能：退出 AutoCAD 2013 绘图环境，可采用两种方法。

(1) 单击菜单浏览器→关闭。

(2) 命令：Exit

10.2 图形的绘制与编辑

10.2.1 绘图命令

1. 直线命令（Line）

功能：画直线。

(1) 单击菜单 ［绘图］（Draw）→ ［直线］（Line）。

(2) 单击绘图工具栏 ［直线］图标 ✏ 。

(3) 命令：Line

指定第一点：输入起点

指定下一点或 ［放弃（U）］：输入终点

指定下一点或 ［闭合（C）/放弃（U）］：

……

说明：

1) 空回车可结束命令。

2) 连续输入端点，可画多条线段。

3) 输入 U（Undo），可取消上次确定的点，可连续使用。

4) 输入 C（Close），形成封闭的折线。

【例 10.1】 画图 10-6 的折线。

命令：Line（或 L）

指定第一点：1，3

指定下一点或 ［放弃（U）］：1，1

指定下一点或 ［闭合（C）/放弃（U）］：4，1

指定下一点或［闭合（C）/放弃（U）］：4，2

指定下一点或［闭合（C）/放弃（U）］：3，3

指定下一点或［闭合（C）/放弃（U）］：回车

【例10.2】 画图10-7的折线。

命令：Line

指定第一点：用光标定A点

指定下一点或［放弃（U）］：@3，0（B点）

指定下一点或［闭合（C）/放弃（U）］：@2.5＜30（C点）

指定下一点或［闭合（C）/放弃（U）］：U（删除BC）

指定下一点或［闭合（C）/放弃（U）］：@2.5＜150（D点）

指定下一点或［闭合（C）/放弃（U）］：C（闭合至A点）

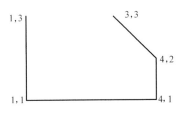
图10-6 Line画折线（一）

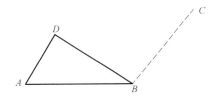
图10-7 Line画折线（二）

2. 圆命令（Circle）

功能：画圆。

(1) 单击菜单［绘图］（Draw）→［圆］（Circle）。

(2) 单击绘图工具栏［圆］图标 ⊙ 。

(3) 命令：Circle（或C）

指定圆的圆心或［三点（3P)/两点（2P)/相切、相切、半径（T）］：输入圆心

指定圆的半径或［直径（D）］＜当前值＞：输入半径或直径

说明：

1) 三点（3P）方式，先输入3P，根据提示给出三点，过这三点画一个圆。

2) 两点（2P）方式，先输入2P，根据提示给出两点，以此为直径画一个圆。

3) 相切、相切、半径（T），先输入T，根据提示选择对象，输入半径画公切圆。

3. 圆弧命令（Arc）

功能：画圆弧。

(1) 单击菜单［绘图］（Draw）→［圆弧］（Arc）

(2) 单击绘图工具栏［圆弧］图标 ⌒ 。

(3) 命令：Arc

指定圆弧的起点或［圆心（CE）］：

说明：

圆弧命令提供了八种画圆弧的方法，介绍常用的两种，余者可根据提示操作。选择项字母的含义为：A-圆心角；E-终点；CE-圆心；L-弦长；D-起始方向；R-半径。

（1）3P（定三个点）

命令：Arc；

指定圆弧的起点或［圆心（CE）］：（起点）；

指定圆弧的第二点或［圆心（CE）/端点（EN）］：（第二点）；

指定圆弧的端点：（终点）。

（2）S，C，E（定起点、圆心、终点）

命令：Arc；

指定圆弧的起点或［圆心（CE）］：（起点）；

指定圆弧的第二点或［圆心（CE）/端点（EN）］：CE；

指定圆弧的圆心：圆心；

指定圆弧的端点或［角度（A）/弦长（L）］：（终点）；

圆弧按逆时针画出。

4. 单行文字命令（Dtext）

功能：在图中注写文字（包括符号、数字）；

命令：Dtext（或 DT）；

当前文字样式：Standard；文字高度：2.5000；

指定文字的起点或［对正（J）/样式（S）］：

指定高度＜2.5000＞；

指定文字的旋转角度（0）：

输入文字：

说明：

1）对正（J），输入 J，用来确定文本的排列方向和方式；样式（S），输入 S，用来选择文本的字体。

2）指定文字的起点，用来确定文本的起点位置，回车后，出现如下提示：

指定高度〈前一次输入的字高〉：（新字符高度）；

指定文字的旋转角度＜前一次输入的角度＞：（确定文本倾斜角度）；

输入文字：（输入字符串）。

3）常用的特殊字符

角度"°"可输入％％d，例如：250°，Text：；25％％d；

圆直径"φ"可输入％％c。例如：φ24，Text：％％c24；

正负号"±"可输入％％p，例如：±0.000，Text：％％p0.000。

10.2.2 编辑命令

1. 目标选择

在图形编辑的时候，先应选定被编辑的对象（目标），目标应是用绘图命令画出的实体，目标选中时，该实体变成虚线。常用的目标选择方式有：

（1）点选方式

当执行图形编辑时。十字光标变成一个小正方形，称为拾取框，将拾取框移至目标，回车，即为选中。

（2）窗口方式和交叉方式

这两种方式用矩形选择框来选择多个实体，它们的用法又有区别，分述如下。

1）窗口方式是在"选择对象："提示符下用鼠标确定第一对角点，从左向右移至第二对角点，出现一个实线矩形框，此时，只有全部被包含在框中的实体才被选中，如图10-8（b）所示。

2）交叉方式也是在"选择对象："提示符下用鼠标确定第一对角点，然后从右向左移至第二对角点，出现一个虚线矩形框，此时，完全被包含在框中的实体以及与矩形框相交的实体（目标）均被选中。如图10-8（c）所示。

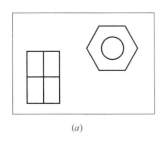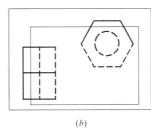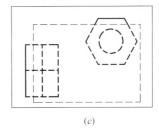

（a）　　　　　　　　（b）　　　　　　　　（c）

图 10-8　目标选择

（a）原始图形；（b）窗口方式；（c）交叉方式

2. 删除命令（Erase）

功能：从图形中删去选定的目标

（1）单击菜单［修改］（Modify）→［删除］（Erase）。

（2）单击修改工具栏［删除］图标 。

（3）命令：Erase（或E）

选择对象：选目标

选择对象：

说明：

1）"选择对象"提示将重复出现，可多次选择目标，如果空回车，则结束选择，目标被删除。

2）只要不退出当前图形或没有存盘，就可以用"Oops"或"Undo"命令将删除的实体恢复。"Oops"只能恢复最近一次用Erase命令删除的实体。

3. 打断命令（Break）

功能：可对直线（Line）、圆（Circle）、圆弧（Arc）、多段线（Pline）等命令所绘实体作部分删除，或把一个实体分成两个。

（1）单击菜单［修改］（Modify）→［打断］（Break）

（2）单击修改工具栏［打断］图标 。

（3）命令：Break

选择对象：（选择被折断目标）

指定第二个打断点或［第一点（F）］：

说明：

1）当指定第二个打断点或［第一点（F）］：（选择被折断部分的第二个点），选择该方式，选取实体时的光标位置作为第一点，删除实体两点间的线段。

2）当指定第二个打断点或［第一点（F）］：（输入 F）

出现下列提示：

指定第一个打断点：（选取起点）；

指定第二个打断点：（选取终点）。

3）当将起点和终点选取同一点，可将一个实体从选取点处断开，成为两个实体。

4. 修剪命令（Trim）

功能：与打断（Break）相似，可将一实体的部分删除，不同的是 Trim 命令是根据边界来删除实体的一部分。

（1）单击菜单［修改］（Modify）→［修剪］（Trim）

（2）单击修改工具栏［修剪］图标 。

（3）命令：trim

当前设置：投影＝UCS　边＝无

选择剪切边

选择对象：（选取目标作为修剪边界）找到 1 个

选择对象：

选择要修剪的对象或［投影（P)/边（E)/放弃（U)］：（选取修剪目标）

选择要修剪的对象或［投影（P)/边（E)/放弃（U)］：

5. 移动命令（Move）

功能：将选定图形从当前位置平移到指定位置。

（1）单击菜单［修改］（Modify）→［移动］（Move）

（2）单击修改工具栏［移动］图标 。

（3）命令：Move（或 M）

选择对象：（选取移动的实体）找到 1 个

选择对象：

指定基点或位移：（输入基点或位移量）

指定位移的第二点或＜用第一点作位移＞：（位移量第二点）

说明：

1）输入基点和位移量第二点，把图形从基点移到第二点，如图 10-9（a），从基点 A 将三角形移到 B。

2）如果输入（x，y）位移量，对［指定位移的第二点］提示用空回车响应，则位移量△x＝x，△y＝y，如图 10-9（b）所示。

6. 复制命令（Copy）

功能：将选定图形复制到指定位置，可多次复制，原图形不消失。

（1）单击菜单［修改］（Modify）→［复制］（Copy）

（2）单击修改工具栏［复制］图标 。

（3）命令：Copy

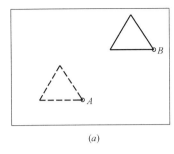
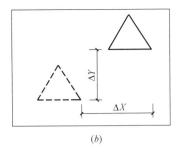

$$(a)$$ $$(b)$$

图 10-9　Move 命令

(a) 输入两点进行移动；(b) 输入位移量进行移动

选择对象：（选取要复制的实体）找到 1 个

选择对象：

指定基点或位移：（基点 A）

指定位移的第二点或（用第一点作位移）：（第二点 B）：到 B 点复制一次

指定位移的第二点或（用第一点作位移）：（第二点 C）：到 C 点复制一次

可多次复制，直到按右键退出复制命令。

10.3　图形尺寸标注

10.3.1　尺寸标注的基本知识

1. 尺寸标注的组成

尺寸标注由尺寸线、尺寸界线、尺寸箭头和尺寸文本（即尺寸数字）四部分组成，如图 10-13 (b) 所示。

2. 尺寸标注的类型

常用的尺寸标注类型有长度型、角度型和径向型等标注类型。

（1）长度型尺寸标注包括水平标注、垂直标注、平齐标注、旋转标注、连续标注和基线标注。

（2）径向型尺寸标注包括半径型和直径型尺寸标注。

本章主要介绍长度型尺寸标注的方法。

3. 建立尺寸标注样式

各专业在尺寸标注时都有一些习惯的用法，如尺寸箭头的形式，土建图中常用 45 度短划确定尺寸的起和止。为此。AutoCAD 提供了多种尺寸标注式样，由用户自己建立满意的样式。

（1）单击菜单［标注］（Dimension）→［标注样式］（Dimension Style）

（2）命令：Dimstyle（或 D）

启动如图 10-10 的［标注样式管理器］（Dimension Style）对话框。

用户可创建新的尺寸标注样式、设置当前尺寸标注样式、修改已有的尺寸标注样式、

137

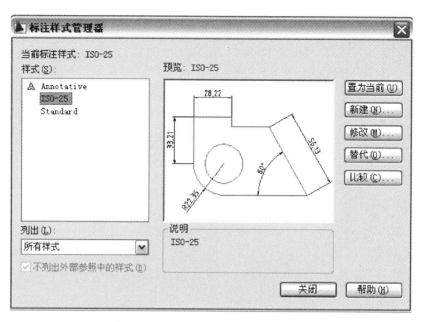

图 10-10 ［标注样式管理器］对话框

替代某个尺寸标注样式、比较两个尺寸标注样式。本节主要介绍尺寸标注样式的新建、修改和设置为当前。

［标注样式管理器］对话框的左侧是样式列表框，显示当前图形文件中已定义的所有尺寸标注样式，ISO-25 是缺省样式；对话框的右侧是预览图像框，显示当前图尺寸标注样式设置各特性参数的效果图。

单击［新建］按钮，打开［创建新标注样式］对话框，如图 10-11 所示。

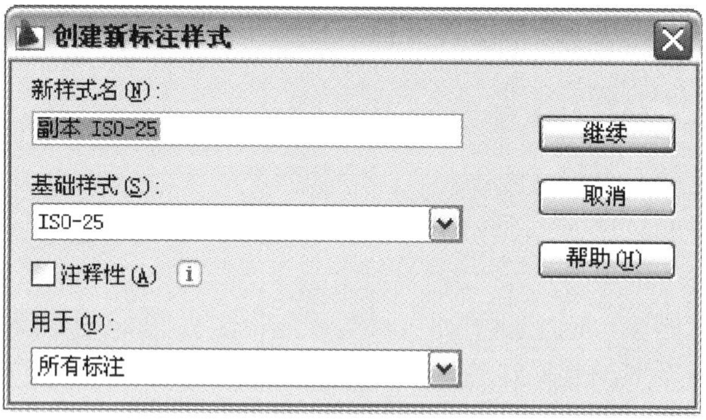

图 10-11 ［创建新标注样式］对话框

在［新样式名］文本框中设置新标注样式名；在［基础样式］下拉列表框中选择一已有的标注样式为范本；在［用于］下拉列表框中选择要创建的是全局尺寸标注样式（所有标注），还是特定的尺寸标注子样式（如线性标注样式、角度标注样式等）。完成后，单击［继续］按钮，显示［新建标注样式］对话框，如图 10-12 所示。

在［线］选项卡中，用户可设置尺寸线、尺寸界线。在尺寸界线区，用户主要选择超

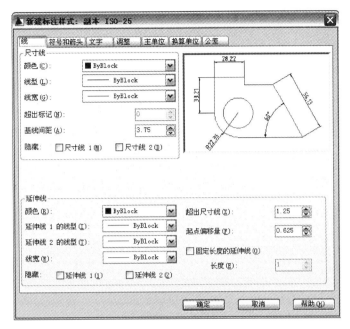

图 10-12　［新建标注样式］对话框的"线"选项卡

出尺寸线的值和起点偏移量的值，其余选项卡由于篇幅限制，在此不再介绍。

10.3.2　长度型尺寸的标注

1. 标注水平和垂直尺寸（Dimlinear）

（1）单击菜单［标注］（Dimension）→［线性］（Linear）。

（2）命令：Dimlinear（或 DLI）

指定第一条尺寸界线起点或＜选择对象＞：<u>选取一点作为第一条尺寸界线的起点</u>

指定第二条尺寸界线起点：<u>选取一点作为第二尺寸界线的起点</u>

指定尺寸线位置或［多行文字（M）/文字（T）/角度（A）/水平（H）/垂直（V）/旋转（R）］：<u>选取一点确定尺寸线的位置或选择某个选项</u>

说明：

1）输入两点作为尺寸界线后，AutoCAD 将自动测量它们的距离标注为尺寸数字。

2）常用的选项如下：

文字（T）：输入 T，出现提示，

输入标注文字＜测量值＞：用户确定或修改尺寸文本。

水平（H）：输入 H，标注水平尺寸。

垂直（V）：输入 V，标注垂直尺寸。

3）一般情况下，在确定了尺寸界线的位置后，尺寸线位置点的移动方向可确定水平标注或垂直标注，如图 10-13（a）所示。

2. 标注平齐尺寸

用于斜线或斜面的尺寸标注。

（1）单击菜单［标注］（Dimension）→［平齐］（Aligned）。

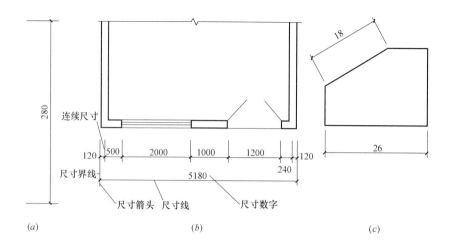

图 10-13 尺寸标注

(a) 垂直尺寸；(b) 水平尺寸和连续标注尺寸；(c) 平齐尺寸

(2) 命令：Dimaligned（或 DAL）

指定第一条尺寸界线起点或<选择对象>：选取一点作为第一条尺寸界线的起点。

指定第二条尺寸界线起点：选取一点作为第二条尺寸界线的起点。

指定尺寸线位置或［多行文字（M）/文字（T）/角度（A）/水平（H）/垂直（V）/旋转（R）］：选取一点确定尺寸线的位置或选择某个选项。

说明：

操作和选项都与标注水平和垂直尺寸相同，不再重复，如图 10-13（c）所示。

3. 连续标注尺寸

连续标注的尺寸称为连续尺寸。这些尺寸首尾相连，前一尺寸的第二尺寸界线就是后一尺寸的第一尺寸界线。

(1) 单击菜单［标注］（Dimension）→［连续］（Continue）。

(2) 命令：Dimcontinue（或 Dco）

指定第二条尺寸界线起点或［放弃（U）/选择（S）］<选择>：

确定另一连续尺寸的第二条尺寸界线的起点，或选择 Undo 或按回车选择新的连续标注的起点。

说明：

1) 开始连续标注尺寸时，应先要标出一个尺寸。

2) 若用户输入一个点为另一连续尺寸的第二条尺寸界线的起点，则又出现提示：

指定第二条尺寸界线起点或［放弃（U）/选择（S）］〈选择〉：

① 若用户输入 U，将撤销上一连续标注尺寸。

② 若用户空回车，则出现提示：

选择连续标注：确定新的连续尺寸中的第一个尺寸，以后的操作重复确定另一连续尺寸的第二条尺寸界线的起点，如图 10-11（b）所示。

直到按 ESC 键退出。

10.4　辅助绘图方式

AutoCAD 提供了一些辅助绘图工具，帮助用户精确绘图，常用的有正交（Ortho）、目标捕捉（Osnap）等，它们可以在执行其他命令的过程中使用。

辅助绘图工具命令可在状态栏上双击其按钮。

10.4.1　正交命令（Ortho）

使用正交模式可以将光标限制在水平或垂直方向上移动，以便精确地创建和修改对象。打开正交模式后，移动光标时，不管是水平轴还是垂直轴，哪个离光标最近，拖动引线时将沿着该轴移动。这种绘图模式非常适合绘制水平或垂直的构造线以辅助绘图。

正交模式对光标的限制仅仅限于命令执行过程中，比如绘制直线时。在无命令的状态下，鼠标仍然可以在绘图区自由移动。

要打开或关闭正交模式，可使用以下 3 种方法。

单击状态栏的"正交模式"按钮。

按 F8 键

运行命令：Ortho

10.4.2　目标捕捉命令（Osnap）

功能：这是一个十分有用的工具，可使十字光标被准确定位在已有图形的特定点或特定位置上，从而保证绘图的精确度。命令的使用有两种方式，临时捕捉方式和自动捕捉方

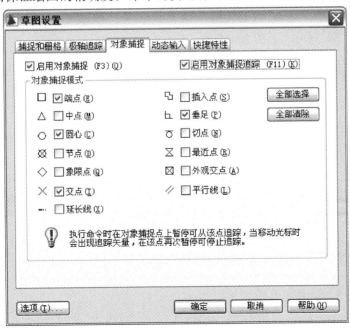

图 10-14　［草图设置］对话框

式，临时捕捉方式每使用一次都应重新启动；自动捕捉方式打开后，在绘图中一直保持目标捕捉状态，直至下次取消该功能为止。下面主要介绍自动捕捉方式。

命令：Osnap

说明：

1）打开"Osnap"命令，弹出［草图设置］对话框（Osnap Settings）对话框，如图10-14所示，在对象捕捉选项卡中选择各种捕捉功能，选中者，在小方格中显示"✓"，设置完毕，单击［确定］按钮确认。

2）常用捕捉功能为：

① 端点捕捉（ENDpoint）

② 中点捕捉（MIDpoint）

③ 圆心捕捉（CENter）

④ 交点捕捉（INTsection）

复习思考题

1．概述 AutoCAD 的作用。

2．AutoCAD 的命令输入方式有哪些？

3．利用所学 AutoCAD 命令，画出下图。

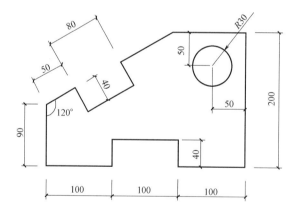

参 考 文 献

［1］ 房屋建筑制图统一标准（GB/T 50001—2010）. 北京：中国计划出版社，2010.

［2］ 总图制图标准（GB/T 50003—2010）. 北京：中国计划出版社，2010.

［3］ 建筑制图标准（GB/T 50004—2010）. 北京：中国计划出版社，2010.

［4］ 建筑结构制图标准（GB/T 50005—2010）. 北京：中国计划出版社，2010.

［5］ 张岩. 建筑制图与识图. 济南：山东科学技术出版社，2000.

［6］ 金方. 建筑制图. 北京：中国建筑工业出版社，2005.

［7］ 马光红等. 建筑制图与识图. 北京：中国电力出版社，2008.

［8］ 张英等. 建筑工程制图. 北京：中国建筑工业出版社，2009.

［9］ 周述发等. 工程识图与建筑构造. 武汉：武汉理工大学出版社，2009.

［10］ 张根凤. 建筑快速识图及实例解读. 北京：中国电力出版社，2013.